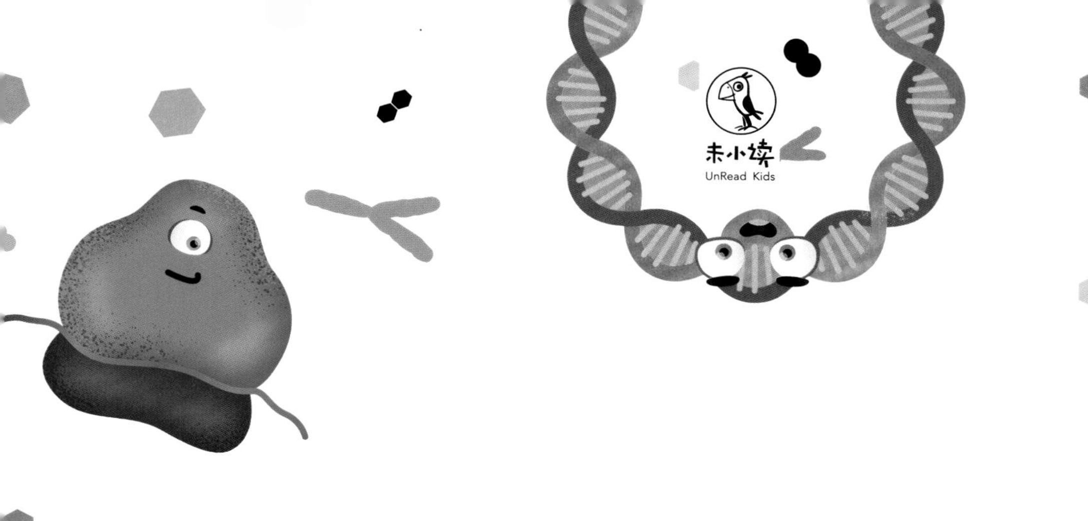

DK基因大百科

[英]艾莉森·伍拉德
[英]苏菲·吉尔伯特 著
魏昀旸 译

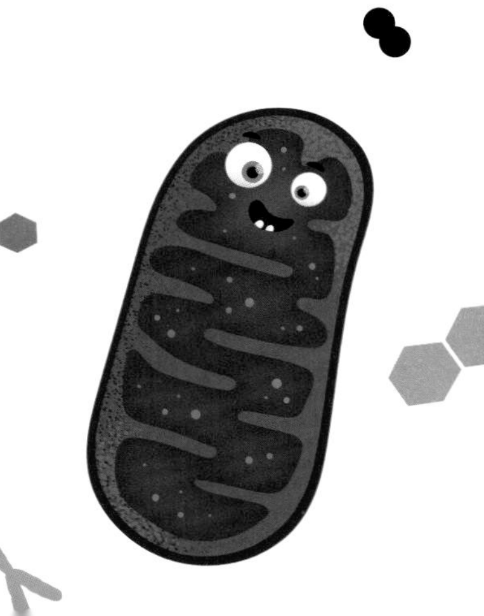

浙江教育出版社·杭州

目录

For the curious

www.dk.com

DK 基因大百科
DK JIYIN DA BAIKE

[英] 艾莉森·伍拉德
[英] 苏菲·吉尔伯特　著
魏昀旸　译

选题策划　联合天际
特约编辑　余雯婧
责任编辑　赵清刚
美术编辑　韩　波
装帧设计　梁全新
责任校对　马立改
责任印务　时小娟

图书在版编目（CIP）数据

DK基因大百科 / （英）艾莉森·伍拉德，（英）苏菲·吉尔伯特著 ; 魏昀旸译. -- 杭州 : 浙江教育出版社，2021.10（2022.5 重印）
ISBN 978-7-5722-2479-9

Ⅰ. ①D… Ⅱ. ①艾… ②苏… ③魏… Ⅲ. ①基因－少儿读物 Ⅳ. ①Q343.1-49

中国版本图书馆CIP数据核字（2021）第193700号

这本书里有些和 DNA 相关的词比较难懂。如果你不太理解它们的意思，那就查看词汇表吧。

Original Title: The DNA Book: Discover what makes you you

浙江省版权局著作权合同登记号 图字：11—2021—189 号
审图号：GS（2021）6788 号
本书地图系原文插附地图

出　版　浙江教育出版社
杭州市天目山路 40 号 邮编：310013
电话：（0571）85170300-80928
发　行　未读（天津）文化传媒有限公司
印　刷　当纳利（广东）印务有限公司
字　数　90 千字
开　本　889 毫米 × 1194 毫米　1/16
印　张　4.5
版　次　2021 年 10 月第 1 版　2022 年 5 月第 3 次印刷
I S B N　978-7-5722-2479-9
定　价　68.00 元

本书若有质量问题，请与本公司图书销售中心联系调换，
电话：(010) 52435752

未小读
UnRead Kids
和世界一起长大

未读 CLUB
会员服务平台

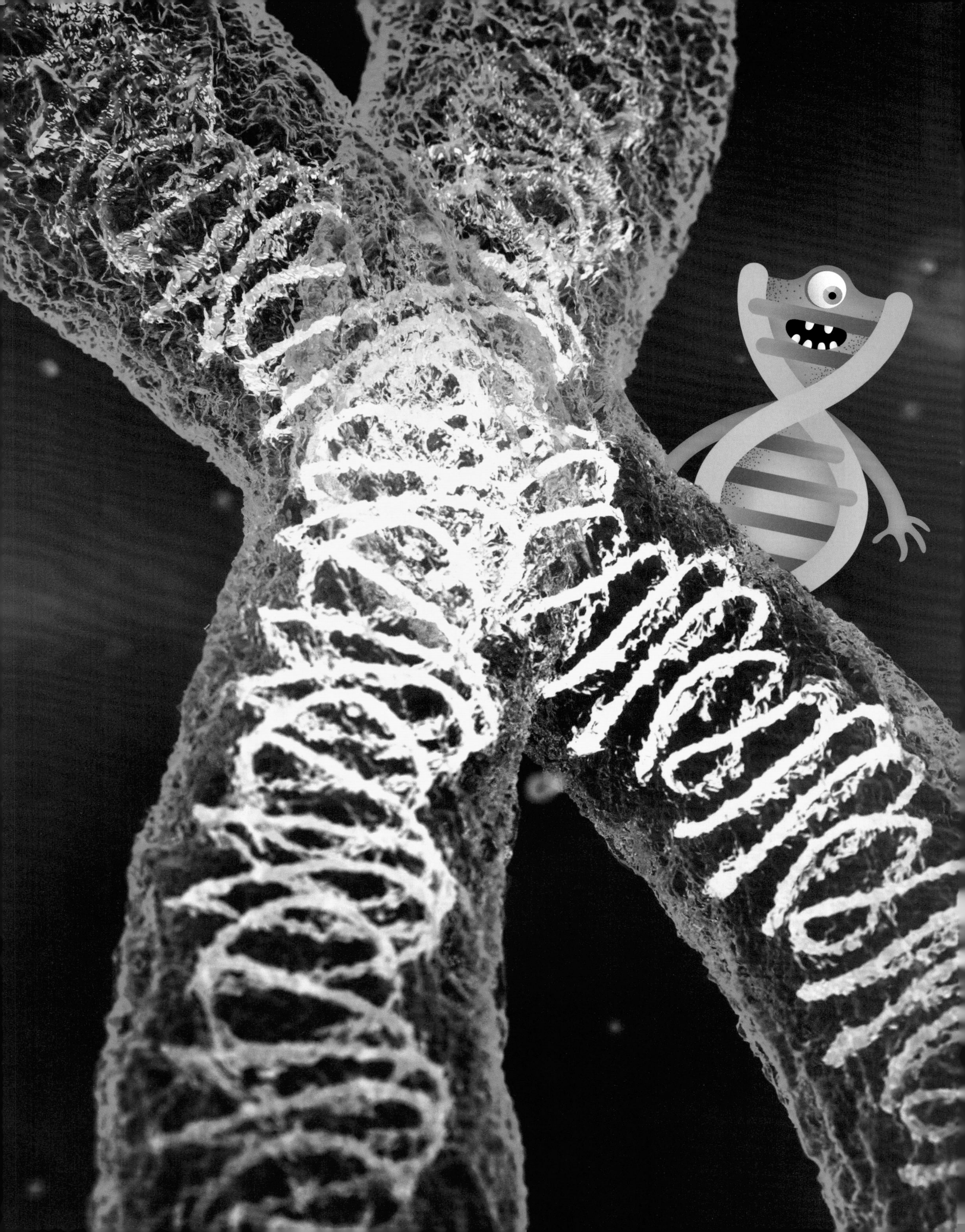

给读者的话

生命是地球上最伟大的一幕演出，而我们人类有幸拥有足够大的脑容量，这项特权让我们得以理解生命。生命的形式如此多样，而且如此丰富多彩：有些生命十分微小，而有些则大到可以从空中看见；有些植物可以捕食动物，有些细菌竟能生活在滚烫的热水中；有些动物一生完全生活在黑暗中，还有一些一直生活在水下。**这一切关于生命多样性的奥秘都归功于一种不可思议的物质：DNA。**

DNA 是蕴藏**生命密码**的分子，从蝙蝠到甲壳虫，从蘑菇到猛犸象，所有的生命都拥有 DNA。我们依靠它**生长、生存和繁衍**。阅读本书，你将了解 DNA 是什么以及它能用来做什么，还有它**突变**时将会发生什么！

艾莉森·伍拉德　教授

苏菲·吉尔伯特　博士

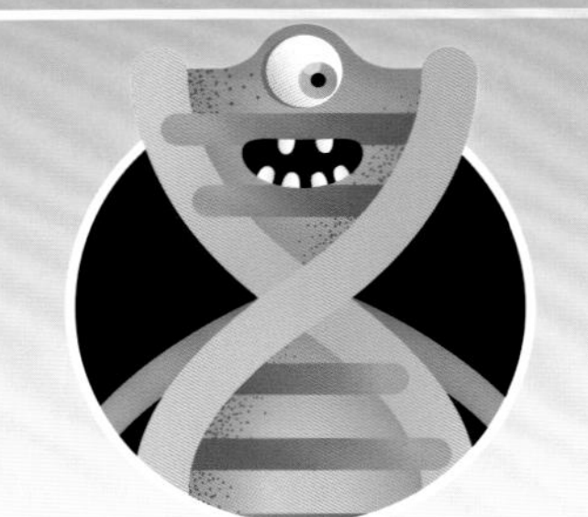

DNA是什么？

DNA 是脱氧核糖核酸的英文简写（即 **d**eoxyribo**n**ucleic **a**cid，其中 de- 代表“去除”，oxy- 代表“氧”，ribonucleic 代表“核糖的”，acid 代表“酸”）。它是组成你基因的物质，而**基因中蕴含着构建你身体的说明书**，从你眼睛的颜色到双脚的大小都由基因控制。

双螺旋
两条 DNA 链缠绕在一起的构造称作双螺旋。

DNA

DNA 由三种物质组成：核糖、磷酸，还有碱基。很多个它们结合在一起以双螺旋的形状构成了一条长长的链条。这种长链的结构非常稳固，可以把信息储存很久。

碱基
碱基一对一对地联结在 DNA 双螺旋的内部。

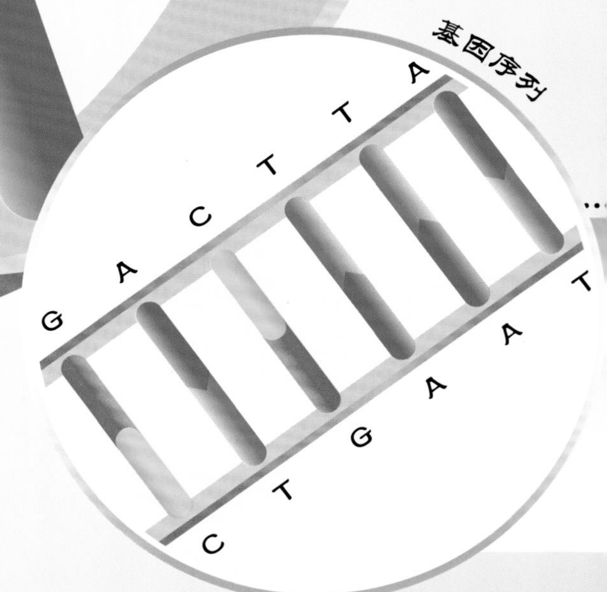

基因组
基因组是你全部的 DNA。不同生物的基因组大小差别非常大。

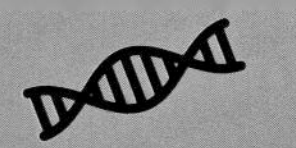

基因

某些特定的 DNA 片段就是你的基因，它们控制着你的各种性状。我们拥有大约 20 000 个基因——其实蠕虫也有这么多的基因！

弗里德里希·米歇尔

瑞士科学家弗里德里希·米歇尔发现了 DNA。当年他在研究血液中的白细胞时，从附近的医院收集了一些沾满脓液的绷带，从脓液中提取出了被他称作“核素”的物质。后来，人们把核素叫作“核酸”，它就是今天我们所熟知的脱氧核糖核酸（DNA）。

米歇尔发现 DNA 是在 19 世纪 60 年代晚期，当时他并不知道它在生物体内有什么作用。

DNA 永流传！
即使你已经去世了，你的 DNA 信息也将在你的家族中永远传递下去。

DNA骨架

核糖与磷酸基团构成了 DNA 外侧的骨架。

碱基是生命的代码

碱基的排列方式，或者称为序列，编写了 DNA 中的信息。DNA 的碱基有 4 种：A、T、C、G。它们书写了地球上所有生物的源代码。

DNA 双螺旋缠绕在一起时，A 永远和 T 配对，C 永远和 G 配对。

身体里的
DNA 在哪里？

你身体里每一个**微小的细胞**都包含着你**基因组**的一份完整副本。如果你把基因组拽出来拉直，它的长度居然能够达到 **2 米**。所以，它在你的细胞里必须紧密地缠绕在一起。

基因
每个基因都是一段特定的 DNA，它控制着某个性状，如头发的颜色。

找到你的 DNA

要找到 DNA，我们需要深入到你的细胞中。DNA 位于细胞中一个很特别的区域——细胞核。在这里，为了保证安全，DNA 被缠绕得非常紧密。

细胞
我们的身体大约有 40 万亿个细胞 —— 40 000 000 000 000 个这么多！你可以把 8 000 个细胞同时放到针尖大小的面积上。

染色体
你的基因组被打包成许多份，每一份就是一条染色体。人类有 23 条不同的染色体。每条染色体还有一个备份，所以我们总共拥有 46 条染色体。

细胞核
细胞核是细胞的指挥中心，因为你的基因组在里面。

DNA
竟然有 98% 的 DNA 都不是基因！科学家现在还没有研究清楚它们的全部作用。

有没有细胞不含有 DNA？

你身体中携带氧气的红细胞很特殊，它没有储存 DNA 的细胞核。红细胞只能存活 4 个月，因此需要不断地被更新替代。

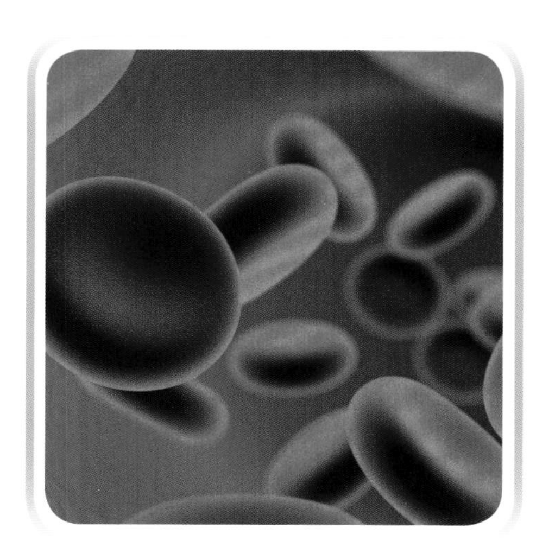

食物里的 DNA

我们每天吃的食物大多都来自生物，比如，当你吃下一个西红柿，你同时也吃掉了它细胞里所有的 DNA。你的身体在消化西红柿时会把这些 DNA 切碎并吸收掉。

动物细胞

我们所有的 DNA 都在细胞核里吗？

不是的！有些 DNA 位于细胞核外的线粒体中。线粒体就像小电池一样，为细胞供能。另外，植物细胞中用来把阳光转换成能量的叶绿体也含有 DNA。

线粒体
动物的一个细胞里有许多线粒体，但只有一个细胞核。

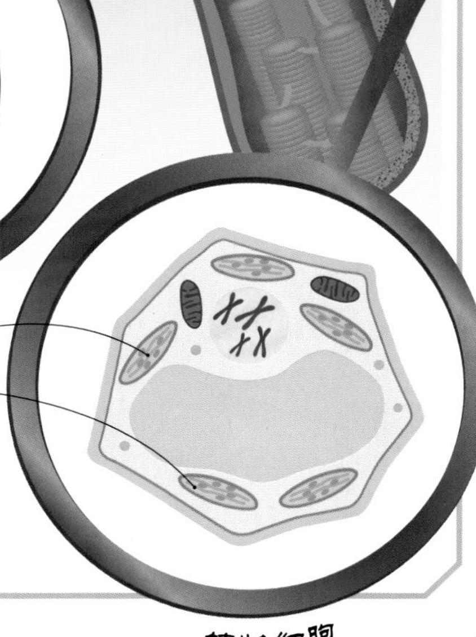

叶绿体
植物细胞的叶绿体中含有的一些化学物质让叶绿体看起来是绿色的。

植物细胞

DNA 有什么用?

从人类到鱼，从水仙花到恐龙——**DNA 这种密码为制造地球上所有的生命提供了工程代码**。DNA 密码的主要功能是指导蛋白质的合成，而所有的生命都用蛋白质制造自己、修复自己。

不同的密码

地球上的生物如此千差万别，正是由于它们的 DNA 密码不同。

蘑菇、霉菌、酵母都属于真菌。大多数真菌以死去的动植物作为食物。

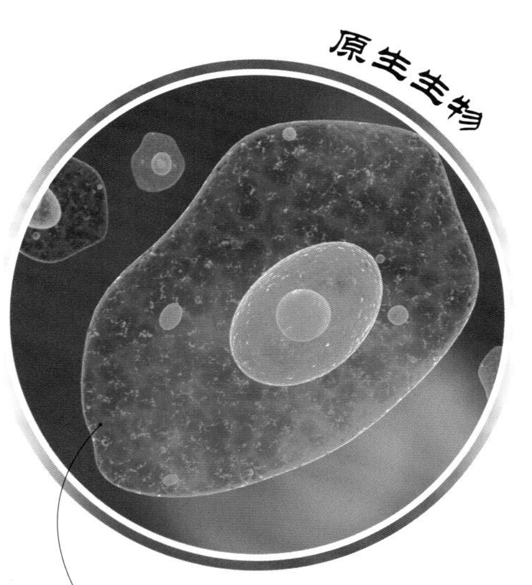

原生生物是单细胞生物。它们和真菌细胞、植物细胞、动物细胞一样，有细胞核。

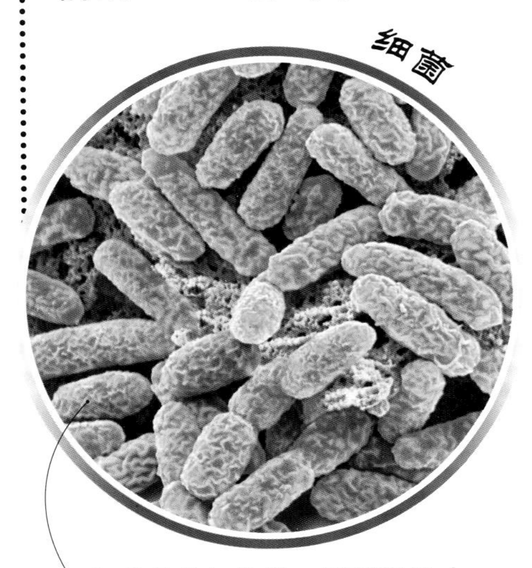

细菌是单细胞的、用显微镜才能看见的生物，它们没有细胞核，但它们仍然有 DNA。

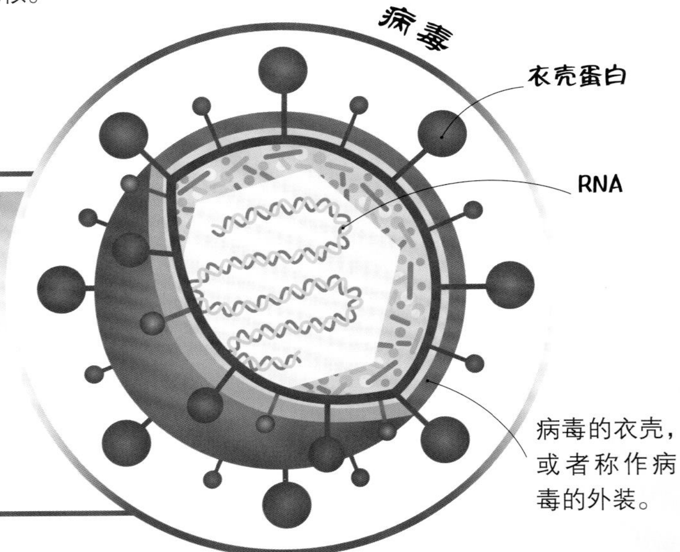

病毒的衣壳，或者称作病毒的外装。

DNA 是从哪儿来的?

有一种分子叫作 RNA，它在数十亿年前创造了生命，DNA 很可能是由它演变而来的。RNA 看起来有些像 DNA，并且也可以承担一些合成蛋白质的功能。甚至某些病毒还在用 RNA 来编码它们的基因。

地球上有大约 40 万种植物。它们大多数都是绿色的。

我们已知的动物超过 100 万种，并且每年还能发现许多新物种！

我才不是没用的呢！

DNA是无足轻重的吗？

在 DNA 被发现以后的很长一段时间里，科学家竟然觉得它不会有什么重要的功能。这是因为 DNA 只由三种物质组成：核糖、磷酸、碱基。那时的人们觉得它的成分太简单，不太可能蕴含着构造生命的密码。

遗传

在发现 DNA 之前，人们很疑惑父母的独特性状是怎么传给下一代的。于是，他们开始寻找有哪些分子是可以被传递，也就是可以**遗传**给子女的。人们以为这种分子会是一种蛋白质，但他们错了！

光滑型细菌　DNA　粗糙型细菌　光滑型细菌

DNA可以改变生物性状

1944 年，科学家发现，如果把一种光滑型细菌的 DNA 和粗糙型细菌的 DNA 混合在一起，那么粗糙型细菌会变得光滑。而且，只有来自光滑型细菌的DNA可以传递这种性状，蛋白质却不行。这证明 DNA 才是对遗传来说最重要的物质！

生物性状，比如毛色，可以被父母传递给子女。

来做实验吧！

你想要亲眼看一看 DNA 吗？试试这个在家就能做的趣味实验吧，你将从草莓里提取出 DNA。

警告！ 医用酒精中含有大量乙醇。虽然它是用来消灭细菌的，但它也是有毒的，所以绝对不能喝。另外，它很容易着火。因此在使用时，请确保你身边有大人陪同，一定要在通风良好的环境下使用，并且不要吸入它的蒸气。

你需要：

- 2 个烧杯（或塑料杯）
- 2 勺洗涤剂
- 1 勺盐
- 1/2 杯水
- 2 个草莓
- 1 个不漏气的塑料袋
- 滤纸或咖啡滤网
- 1/2 杯医用酒精
- 镊子
- 1 个小科学家（就是你啦！）

1 制备DNA提取液

在一个烧杯（或塑料杯）中倒入 2 勺洗涤剂、1 勺盐、1/2 杯水，并将其混合均匀。这样，DNA 提取液就做好了。

2 破开细胞

把草莓装进塑料袋里，密封好，用你的手指使劲碾碎它们。然后往袋子里添加 2 勺步骤 1 中做好的 DNA 提取液，重新密封好袋子，再碾轧 1 分钟。

别把这些偷吃掉！

我能看见 DNA 吗？

如果不亲眼看到实物，**我们很难理解到底是怎么回事。**DNA 非常微小，且藏在细胞里，但我们仍有一些妙招可以把它拎出来观察！

③ 分离DNA

用滤纸或咖啡滤网把“草莓汁”过滤到另一个干净的烧杯（或塑料杯）里。接着，**缓缓地**沿烧杯杯壁倒入和“草莓汁”同样多的医用酒精。**不要**摇晃烧杯，以免杯中液体混合。

④ 观察DNA

烧杯中的液体上部会出现白色半透明的物质。你可以倾斜烧杯，然后用镊子夹起这层东西。它就是DNA啦！

观察染色体

通常，我们很难直接在细胞中看到DNA，因为DNA所在的染色体一般是分散的。然而，当细胞准备好分裂时，染色体就会组装起来并进行自我复制（详见第24页，“复制你的DNA”）。

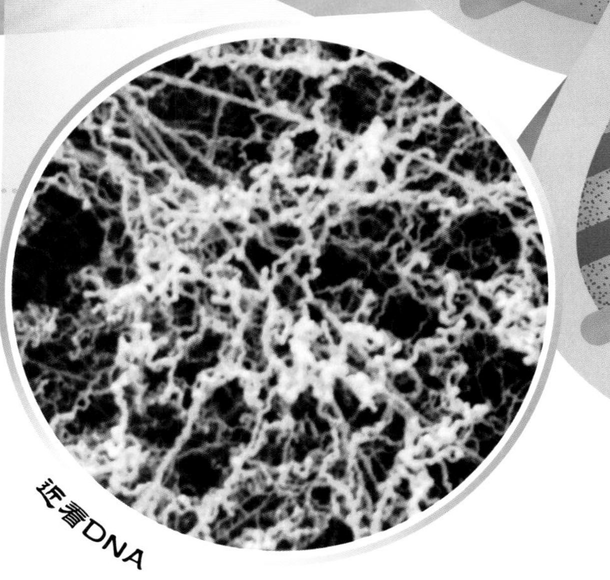

近看DNA

显微镜之下

其实我们还是没有看到DNA的很多细节，但强大的显微镜可以帮到我们……

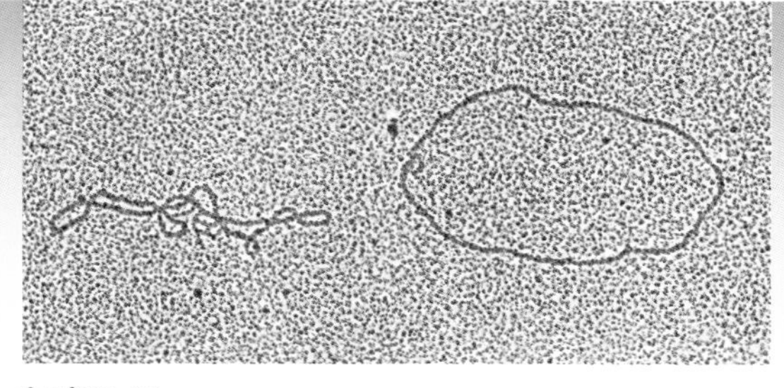

病毒DNA

电子显微镜用一束极其微小的粒子照射细微的目标来成像，上图中蓝色的部分就是某种病毒的DNA。

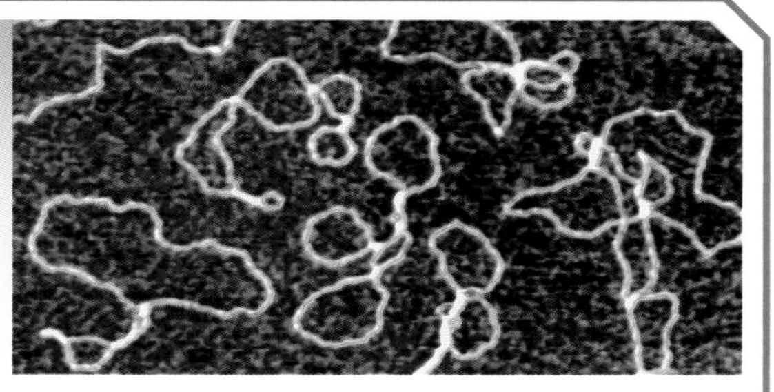

细菌DNA

原子力显微镜让这些来自细菌的DNA（粉红色）现形了。科学家探照了一分钟才获得这张DNA的图片。

DNA 的故事

我们已经在显微镜下看到了 DNA，但仍然没能看到它的**双螺旋形状**。那么，科学家是怎样发现精确的 DNA 结构的呢？原来，他们必须给 DNA 拍一张特别的 X 光照片……

天才的富兰克林与威尔金斯

威尔金斯

科学家罗莎琳·富兰克林（Rosalind Franklin）和莫里斯·威尔金斯（Maurice Wilkins）想出了一个绝妙的办法来观察 DNA 的结构，那就是用 X 光照射 DNA 结晶。

当你用一束光线照向钻石这样的晶体时，光线会以一种特定的方式衍射。富兰克林集中 X 射线对着 DNA 晶体，然后给衍射的 X 光照了一张照片。她把这张照片命名为“照片 51”，这是世界上最著名的 DNA 相片。

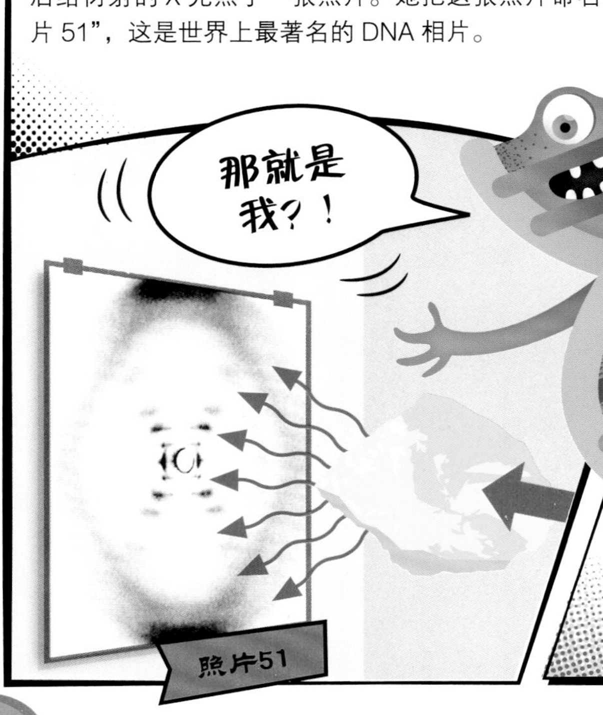

其实，“照片 51”上的 DNA 还是不太像我们所知的模样。幸好，罗莎琳·富兰克林精通数学，她可以用复杂的方程从 X 光的衍射图案中计算出双螺旋结构。

当詹姆斯·沃森和弗朗西斯·克里克看到“照片 51”以及富兰克林的数学计算时，他们马上意识到她的发现极其重要。这最终促使他们在 1953 年建立了 DNA 双螺旋结构的第一个模型。
诺贝尔奖
就是它！
克里克
我们发现了生命的秘密！
沃森
诺贝尔奖
沃森、克里克、威尔金斯在 1962 年共同获得了诺贝尔奖。遗憾的是，富兰克林已经在 4 年前去世，所以她没有获得应得的荣誉。
等一等……
这种结构意味着 DNA 可以自我复制！
如果你把 DNA 双螺旋的中间解开，那么它的任意一边都可以作模板或者蓝本来形成一份新的复制品。通过把新的碱基配对到原来的链上，你可以造出两份一模一样的 DNA 双螺旋。
科学家已经知道 DNA 可以传递给其他细胞或者后代，并且还知道这一过程到底是怎么实现的了！
新的碱基被连接到初始的链条上。

认识生物分子

分子是各种元素（比如碳、氧）的原子连接在一起的集合。DNA 是一种**大分子**。你还需要其他分子（包括 **RNA** 和**蛋白质**）的帮助，才能让 DNA 起作用。

DNA

DNA 分子看上去像一把旋转的梯子——这种形状就叫作双螺旋。实际上双螺旋的主体是两条链，中间由化学基团碱基连接在一起，而碱基就相当于这把梯子的“踏板”。

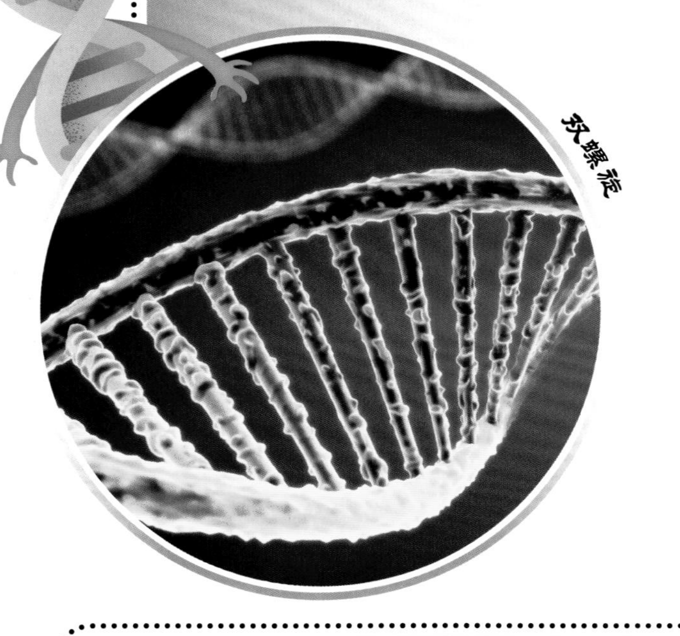

RNA

RNA 是核糖核酸的英文简写（英文全称是 **R**ibo**n**ucleic **a**cid）。RNA 与 DNA 非常像，但它只有双螺旋的一半。当基因发挥作用时，RNA 就用来作为 DNA 序列的一份临时拷贝（详见第 20 页，**“使用基因”**）。

蛋白质

DNA 是细胞的建造说明书，但承担施工任务的却是蛋白质！各种各样的蛋白质让细胞能完成任何它们需要完成的事，维持身体的正常运转。它们就好像一台微缩且非常复杂的精密机器。

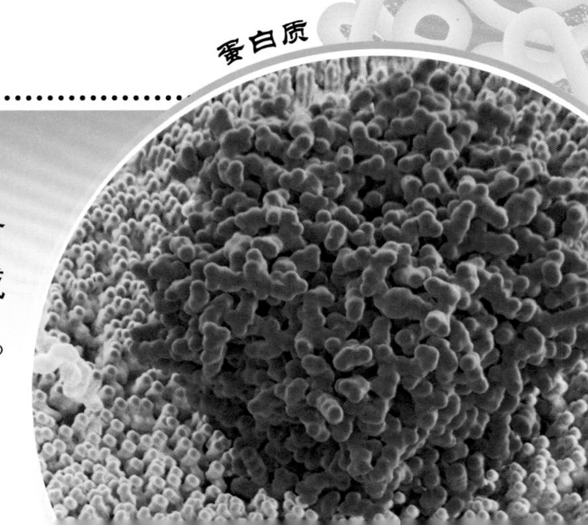

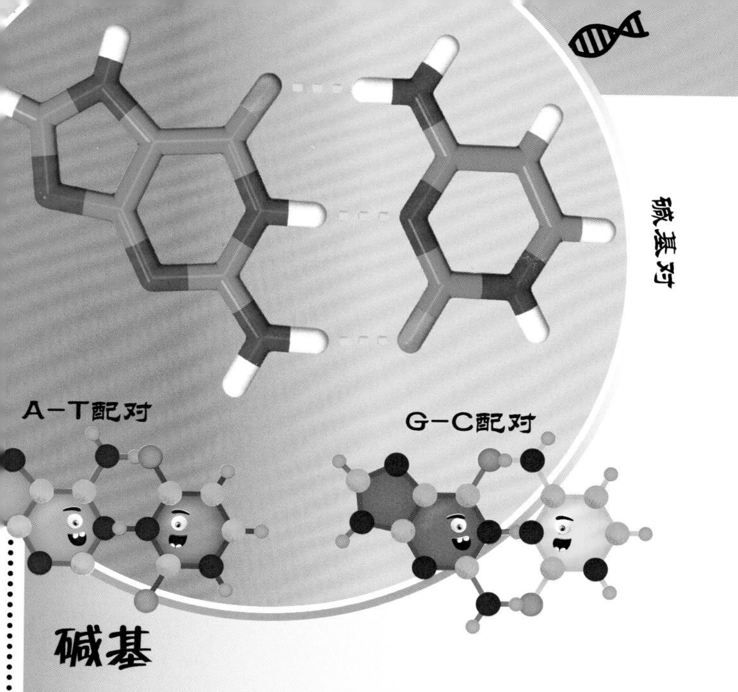

碱基

组成 DNA 梯子踏板的碱基有 4 种，它们拼写出了 DNA 密码。在双螺旋中，腺嘌呤（A）与胸腺嘧啶（T）配对，胞嘧啶（C）与鸟嘌呤（G）配对。

染色体

每一条染色体都包含一段连续的 DNA 分子。我们最大的染色体有 249 956 422 个碱基（A、T、C、G）那么长。如果你想把这么多的字母都写在像这本书一样大小的书里，仅仅这一条染色体就够你写满 16 597 本书了！

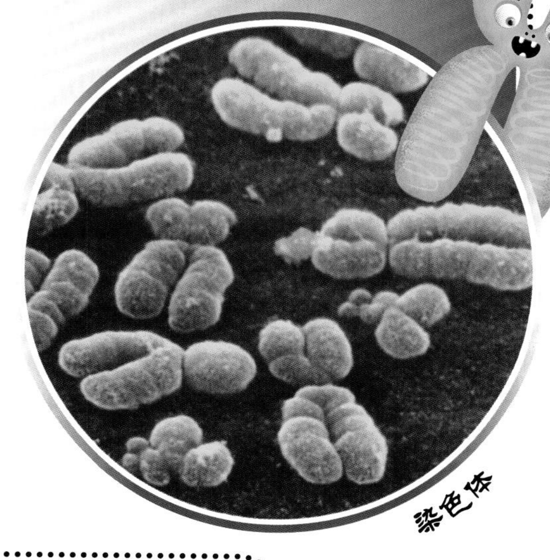
染色体

细菌染色体

细菌的染色体

细菌只有一条染色体。这条染色体和我们的很不一样，因为它形成了一个环，并且不在细胞核里。

核糖体

核糖体是细胞里制造蛋白质的微型工厂。基因的 RNA 拷贝会被递送给核糖体，在那里被解码用来制造正确的蛋白质。

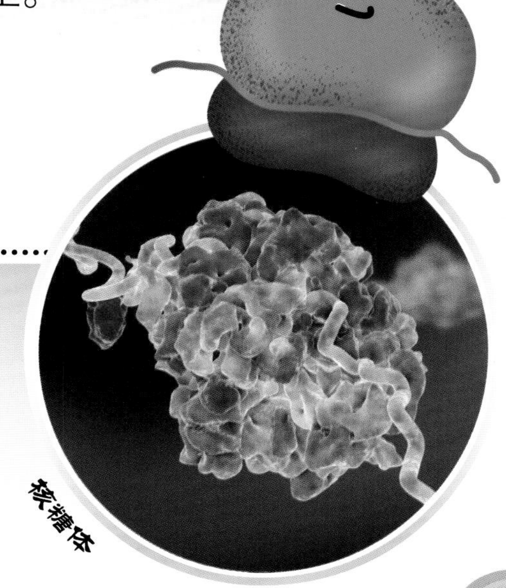
核糖体

人类染色体

如果你把你身体里一个细胞核中含有的染色体排列出来，它们就会像旁边的图一样。人类有 23 对总共 46 条染色体。一对染色体中的每一条都来自你生物学意义上的父亲或母亲。

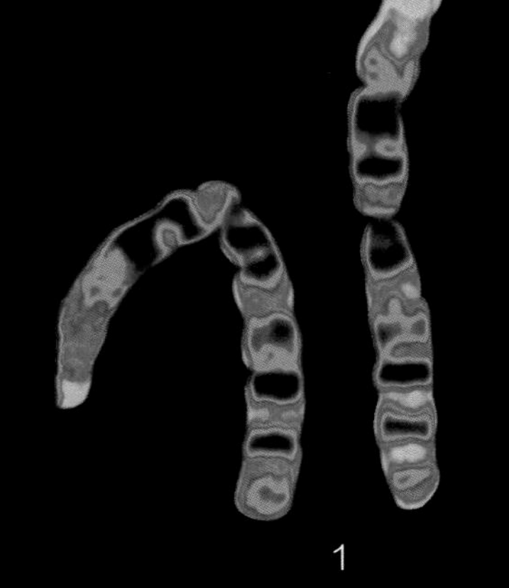
1

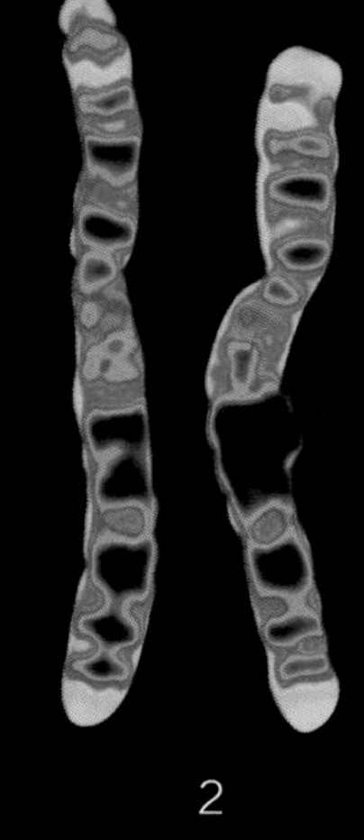
2

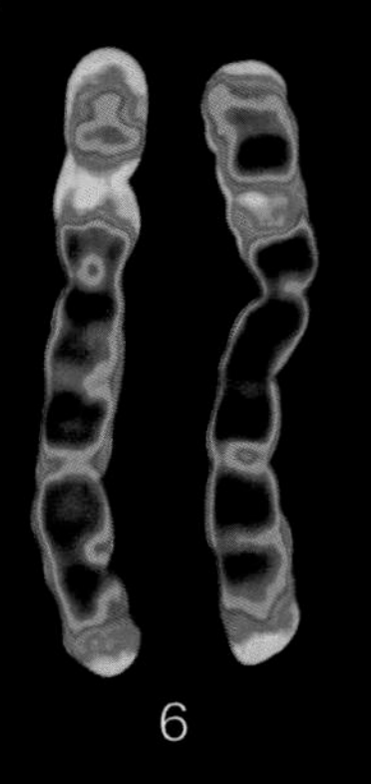
6

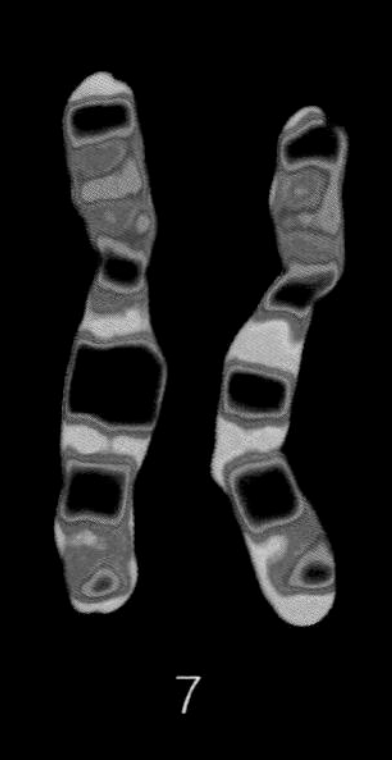
7

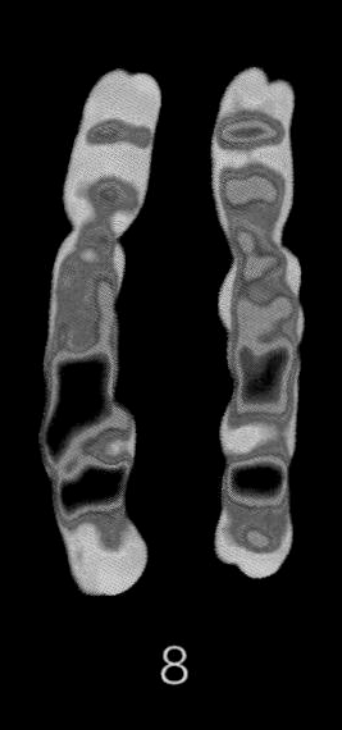
8

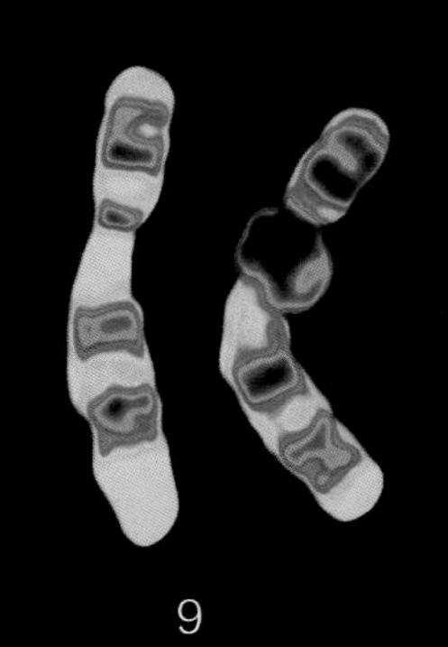
9

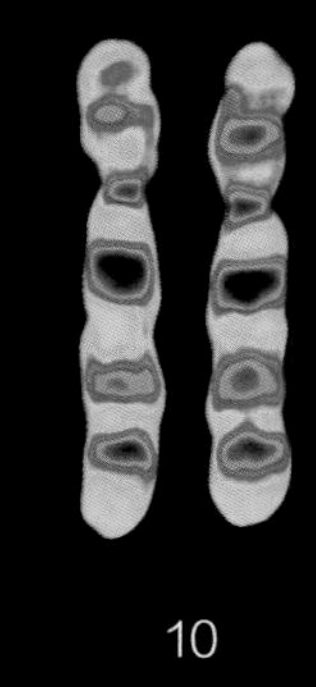
10

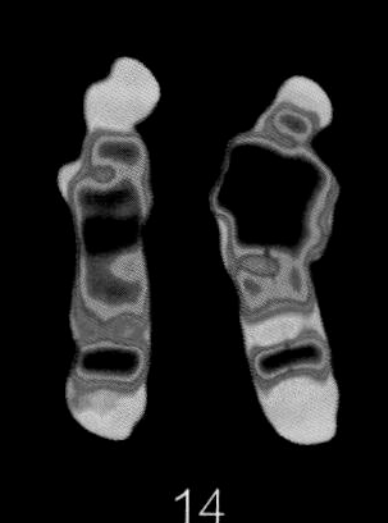
14

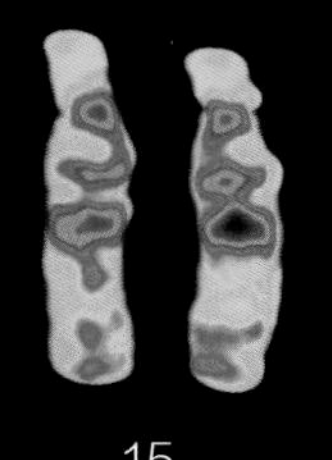
15

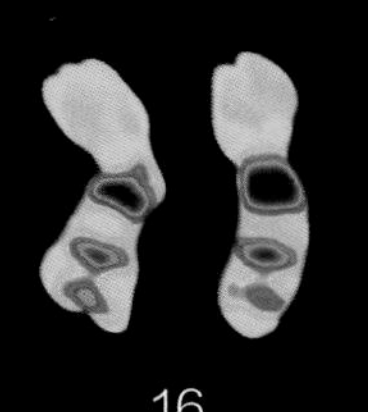
16

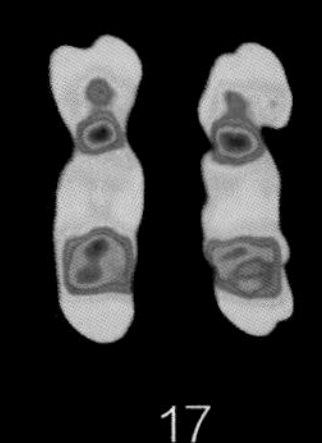
17

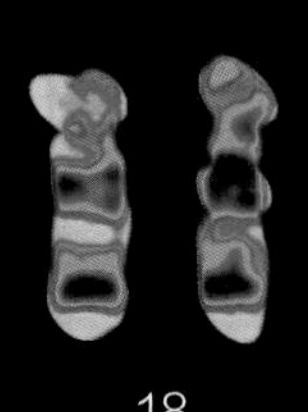
18

什么是染色体？

染色体包含着 DNA，并确保着遗传信息的安全。不同的生命有**不同数量**的染色体。我们有 46 条染色体，豚鼠有 64 条，而黑猩猩有 48 条——和土豆的一样多！

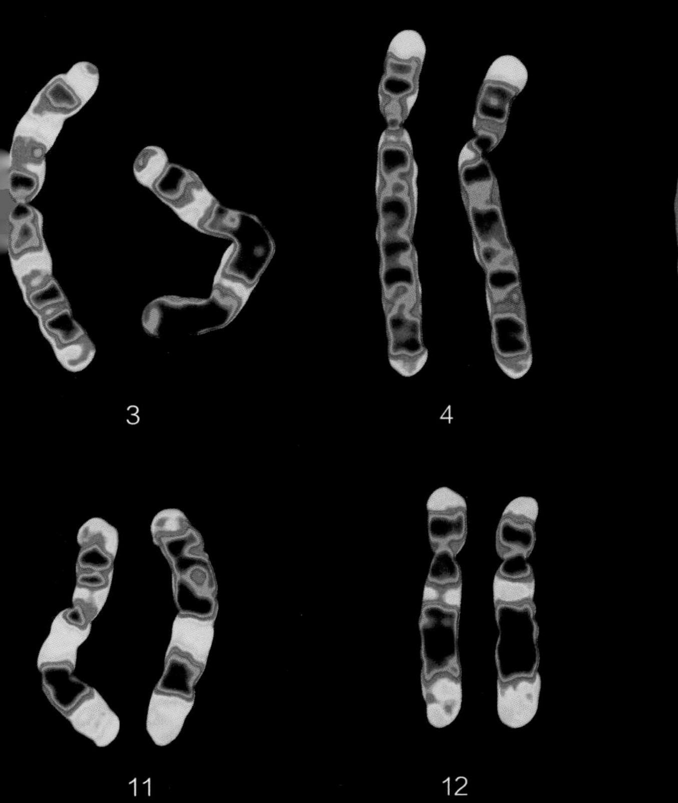

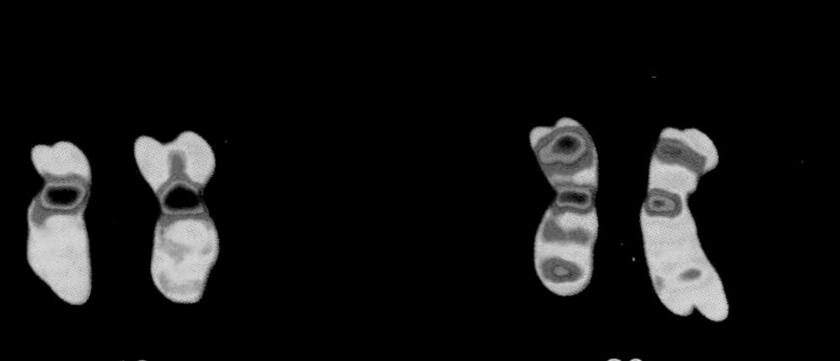

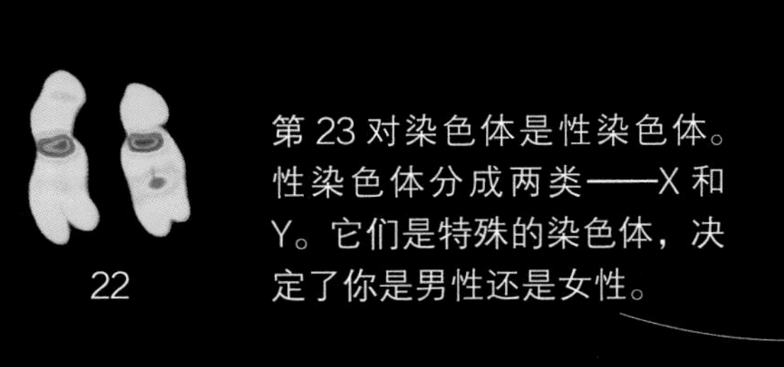

第 23 对染色体是性染色体。性染色体分成两类——X 和 Y。它们是特殊的染色体，决定了你是男性还是女性。

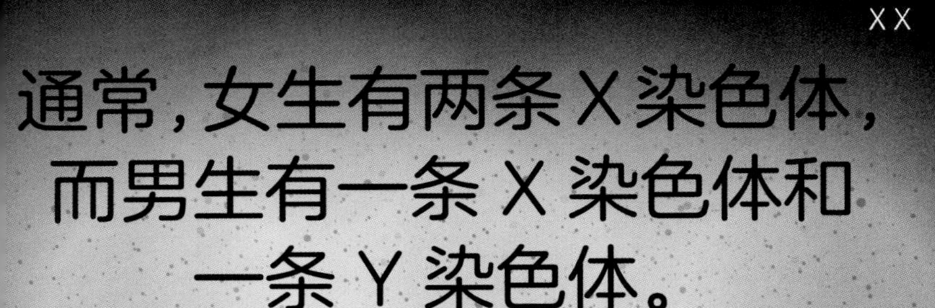

通常，女生有两条 X 染色体，而男生有一条 X 染色体和一条 Y 染色体。

疯狂的染色体

生物体染色体的数量差别非常大——大到令人瞠目结舌。大象有 56 条染色体，而小鸡竟然有 78 条！

跳蚁

这些澳大利亚的毒蚁只有一对染色体。普通的蚂蚁有 15 对。

瓶尔小草

植物通常有很多条染色体，这有些令人吃惊。瓶尔小草有 1 262 条染色体——这是目前人们发现的染色体最多的生物了！

阿特拉斯蓝蝶

这种生活在北非的蝴蝶有 452 条染色体。这是已知的染色体数目最多的动物。

转录

当你的身体需要制造一种蛋白质时，指导它合成的基因首先必须被激活。这个步骤叫作**转录**。DNA 不能离开细胞核，而信使 RNA 分子可以离开细胞核，所以作为替代，DNA 的代码会被临时拷贝进信使 RNA（mRNA）分子。

①**基因**
DNA 密码由许多基因组成。只有在细胞给出“开始”信号以后，基因才会被读取。

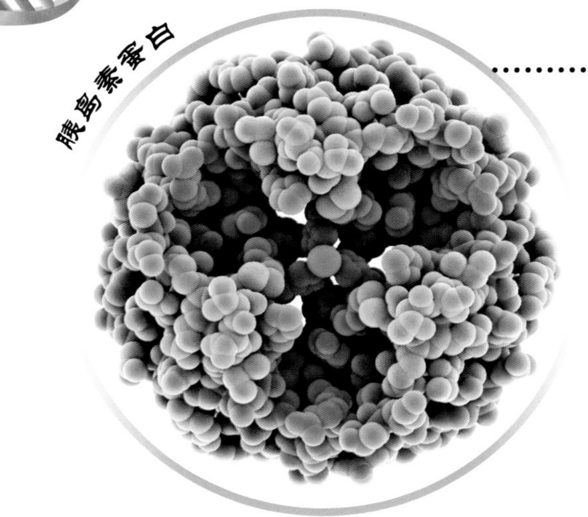

基因指导蛋白质的合成

每个基因通常只包含制造某种特定蛋白质的说明书。不同蛋白质有各式各样的形状与大小，用来完成细胞所有的活动。某些蛋白质会随着血液在你的身体各处穿行，是重要的激素，比如胰岛素。

使用基因

你的 DNA 密码就像说明书，由许多不同的句子组成。而这些句子就是**基因**。当你需要使用基因时，它里面的遗传密码就会被读取出来。每个基因在**开始**和**结尾**的地方都有标识，就像每个段落之前都会空两格，每一句话都会用标点结尾一样。

2 解开基因

当你的基因收到开始的信号以后，它的DNA链就会被解开。这一过程会打开碱基对的连接，以复制其中蕴含的密码。

3 合成mRNA

RNA的碱基将制造出一条单链的基因序列的拷贝，形成一个mRNA分子，而它在需要的蛋白质合成以后就会被销毁。

当mRNA链遇到标识终止的遗传密码时，它将结束合成。

mRNA

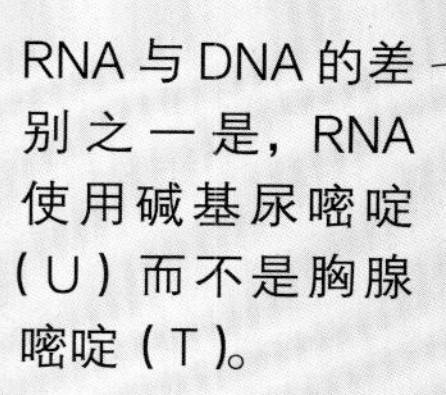

RNA与DNA的差别之一是，RNA使用碱基尿嘧啶（U）而不是胸腺嘧啶（T）。

基因

4 DNA重新缠绕

在带着遗传密码的mRNA完成复制后，DNA会重新缠绕在一起以保证遗传信息的安全。如果遗传信息受损，就可能导致**突变**。

细胞核的膜

5 离开细胞核

现在有了mRNA，我们还需要读取它。于是，mRNA会通过核膜上的小洞（核孔）离开细胞核。

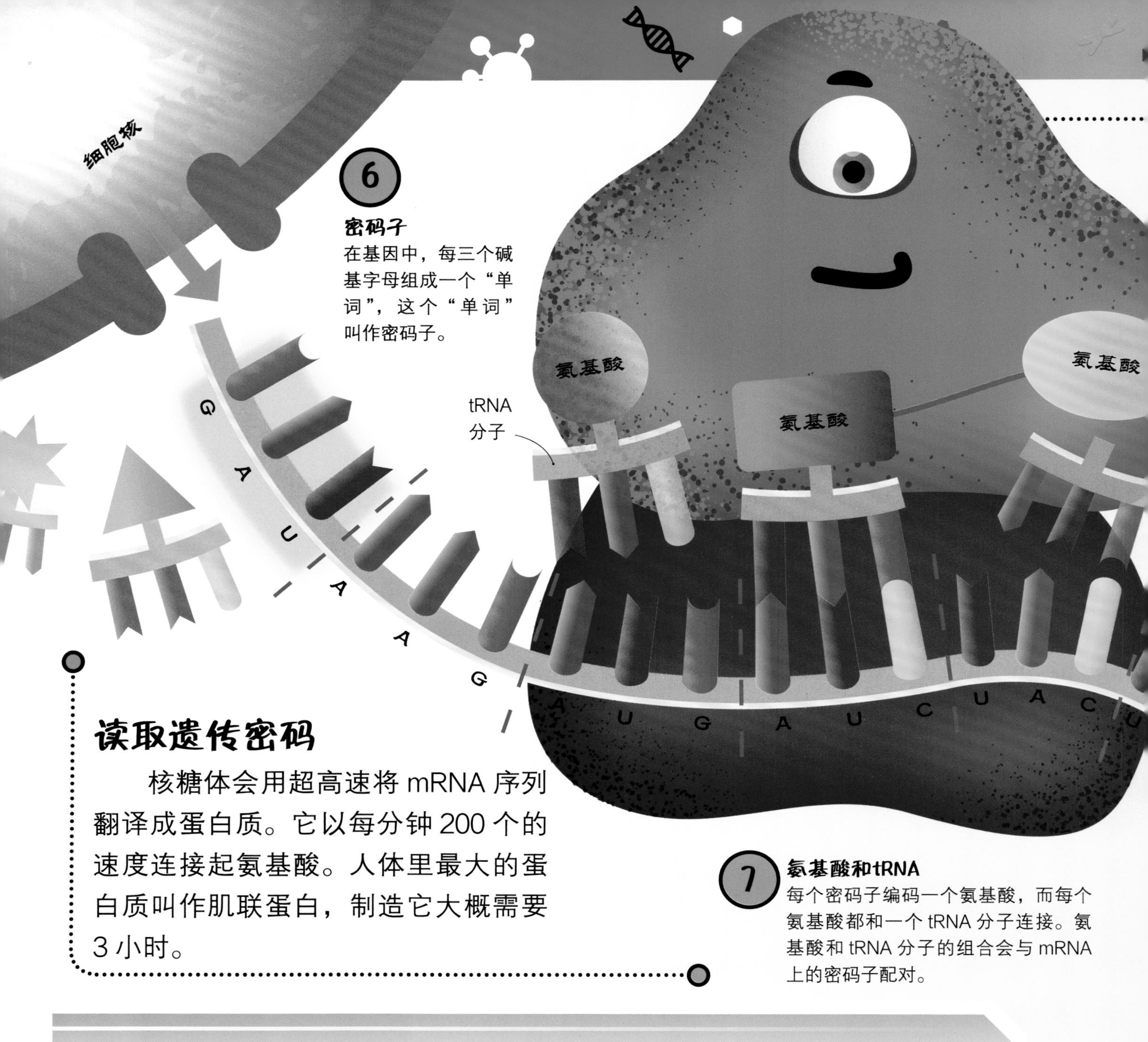

读取遗传密码

核糖体会用超高速将 mRNA 序列翻译成蛋白质。它以每分钟 200 个的速度连接起氨基酸。人体里最大的蛋白质叫作肌联蛋白，制造它大概需要 3 小时。

7 氨基酸和tRNA

每个密码子编码一个氨基酸，而每个氨基酸都和一个 tRNA 分子连接。氨基酸和 tRNA 分子的组合会与 mRNA 上的密码子配对。

解读遗传密码

你能看懂用遗传密码写成的说明书吗？看不懂。其实，你还需要**转运 RNA（tRNA）**与**核糖体**的帮助。它们会相互配合，拆解遗传密码，然后根据说明来制造蛋白质。

核糖体

核糖体是努力工作的分子机器。它将mRNA中的密码子与合适的tRNA分子相匹配，转运RNA会将制造蛋白质所需要的氨基酸运载过来。这个过程称为**翻译**。

8 制造蛋白质

很多个氨基酸像串珠一样组成一条长链，这条长链最后会形成三维的蛋白质，然后在细胞中工作。

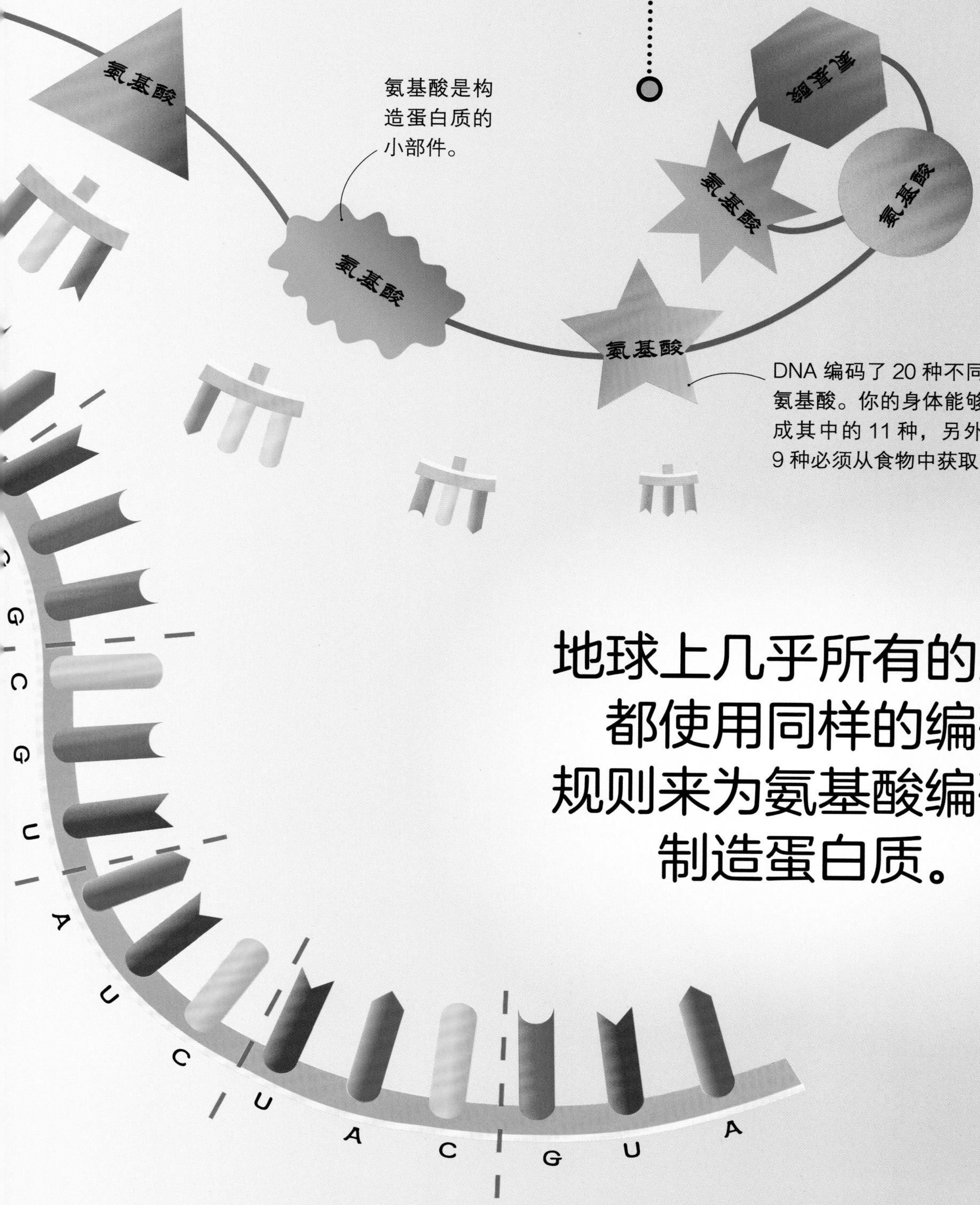

地球上几乎所有的生命都使用同样的编码规则来为氨基酸编码，制造蛋白质。

复制你的 DNA

你身体的 **40 万亿个细胞**里几乎每个细胞都有一份你的 DNA 的完整副本。你的身体每制造一个新的细胞，都需要**复制**一次你全部的 DNA 信息，或者说制造一份 DNA 拷贝。这样，这个新细胞才能知道自己应该根据 DNA 的指令做什么。

一个人体皮肤细胞正在分裂成两个子代细胞。在实验室中培养这些细胞，可以帮助科学家进行有关伤口愈合的研究。

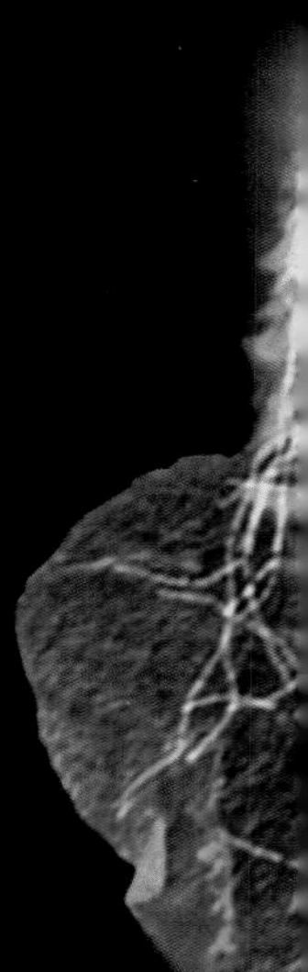

DNA 复制

当 DNA 进行复制时，它首先松解变成两条分开的链。然后，一个叫作 **DNA 聚合酶**的特殊蛋白会根据这两条松开的半螺旋上的序列配对结合新的碱基。这会形成两条新的 DNA 链。

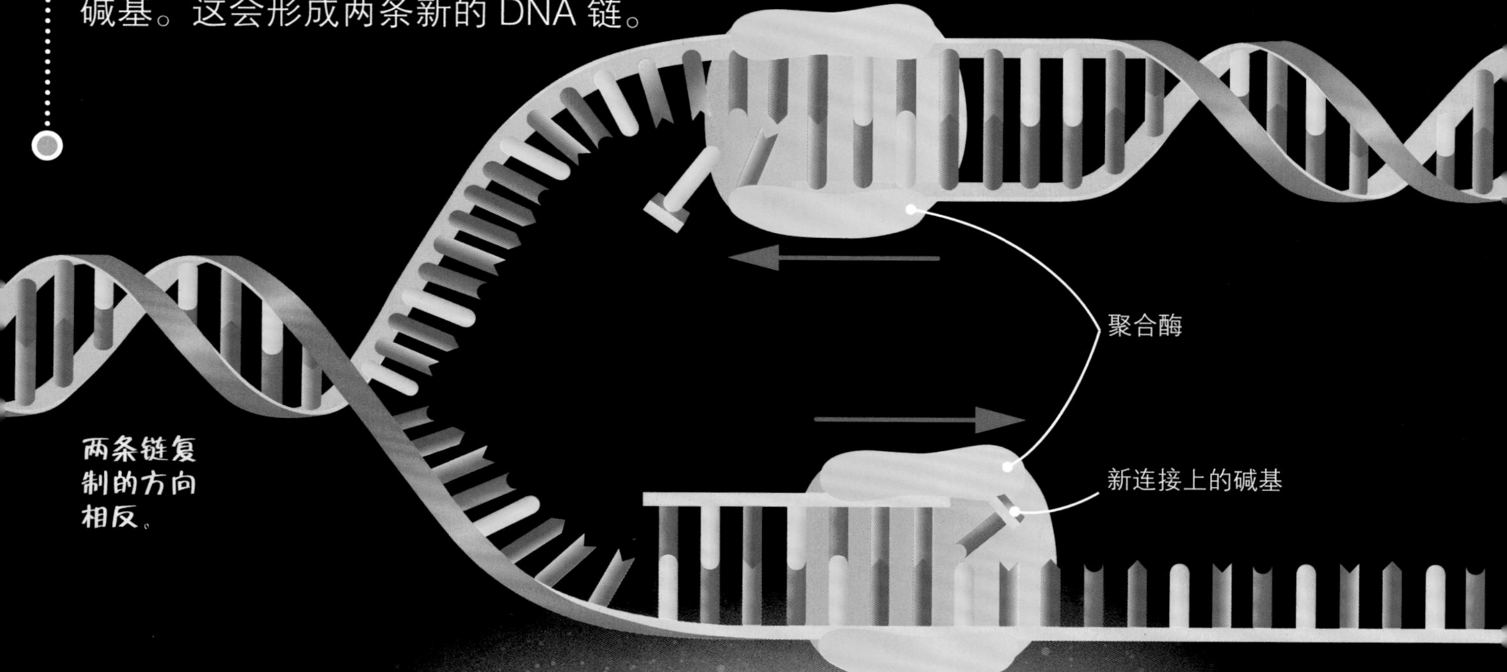

每一天你都会制造长达 1000 亿米的 DNA！

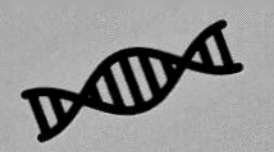

我们为什么需要新的细胞？

不论是你的生长还是修复损伤，比如被刀切到了手，你都需要新细胞的帮助。新细胞通过**细胞分裂**产生。在一个细胞分裂之前，它首先需要复制自己所有的 DNA。然后，这个“亲代”细胞分裂成两个“子代”细胞，每一个子代细胞中都有一套完整的 DNA。

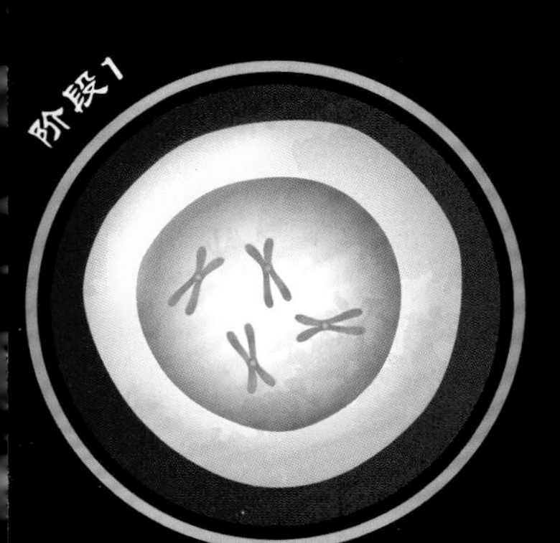

染色体复制
每条染色体都会自我复制，形成两串中间粘连在一起的 DNA。随后，细胞核核膜会裂解。

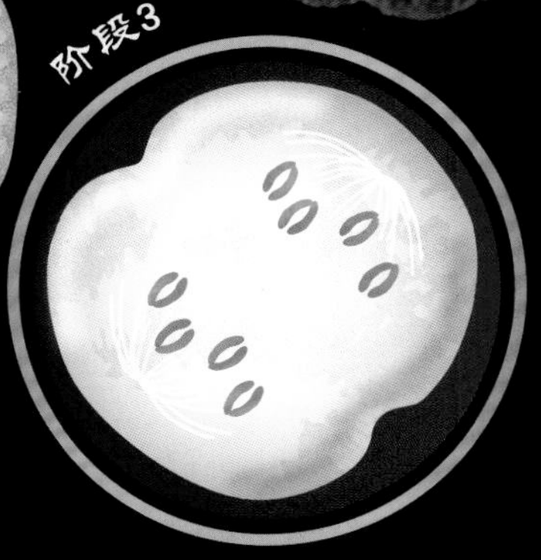

排列
复制好的染色体会被细线般的纤维引导着在细胞中央排成一列。

拉开
纤维拉力会将复制了的染色体分成两半。这两份拷贝会移向细胞两端，紧接着细胞就开始分裂。

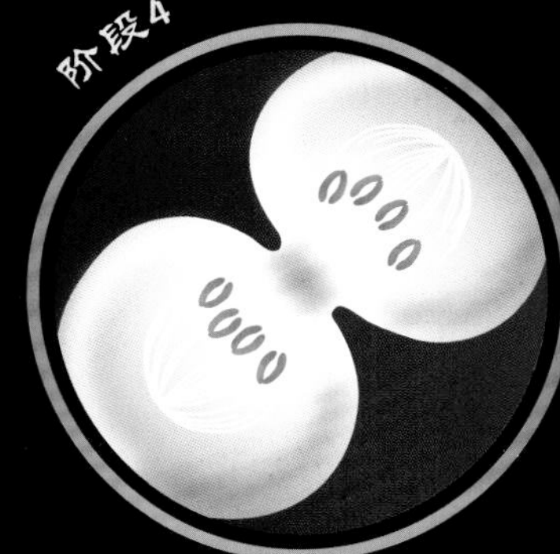

子代细胞
现在，亲代细胞将变成两个子代细胞，每个子代细胞都在新造出的细胞核中拥有一份完整的 DNA 拷贝。

你的所有细胞都有相同的DNA吗？

曾经，科学家认为各种细胞通过丢弃部分 DNA 的方式**分化成不同的细胞**，承担不同的功能。但现在，我们已经确定，不同种类的细胞其实含有同样的 DNA。**那么，为什么它们看起来差异这么大？**

心肌细胞

你手臂或大腿里的肌肉在使用一段时间后都需要休息，但心肌可不一样。心肌从不休息，它会一直工作到你死亡的那一刻。

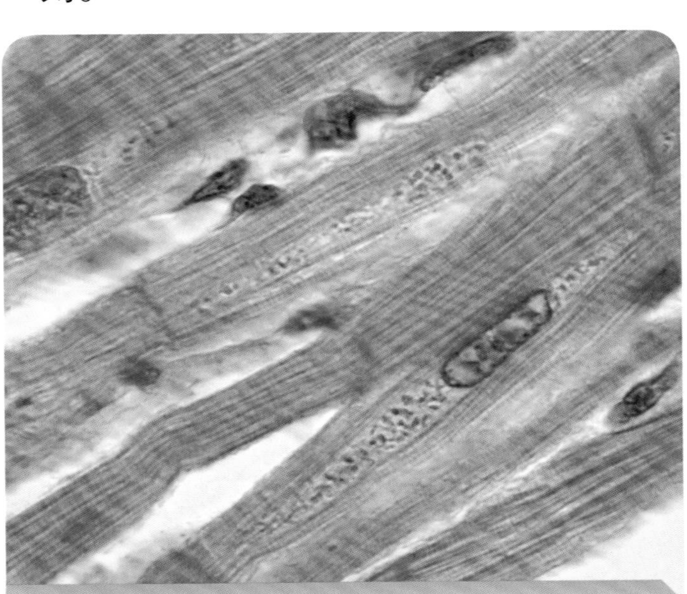

真相档案

» 心肌细胞本身会收缩，即使它们生长在培养皿中也是如此！

» 心肌细胞里填满了线粒体，从而获得了大量的能量。

» 每天你的心脏都会跳动约 100 000 次。

神经元

神经元，或者说神经细胞是一种很长的细胞，它能在你的大脑和脊柱间来回传递信号。神经信号传输的速度快到 400 千米 / 时！

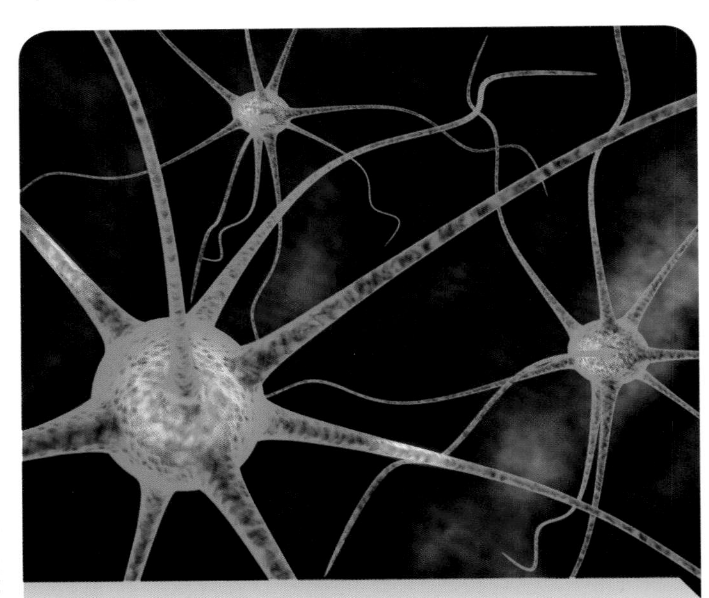

真相档案

» 我们的大脑拥有大约 860 亿个神经元。

» 你最长的神经元有 1 米长，从你的脊柱一直延伸到脚趾。

» 长颈鹿的神经元长达 5 米！

不同的细胞，不同的基因

你的整个基因组并不会在每个细胞中都被全部激活。不同的细胞只会利用它们需要的基因。在心肌细胞中，只有用来制造和运行心肌的基因会被激活。另一些会在如神经元等其他细胞中发挥功能的基因，则会被紧紧地锁住，不能被读取。

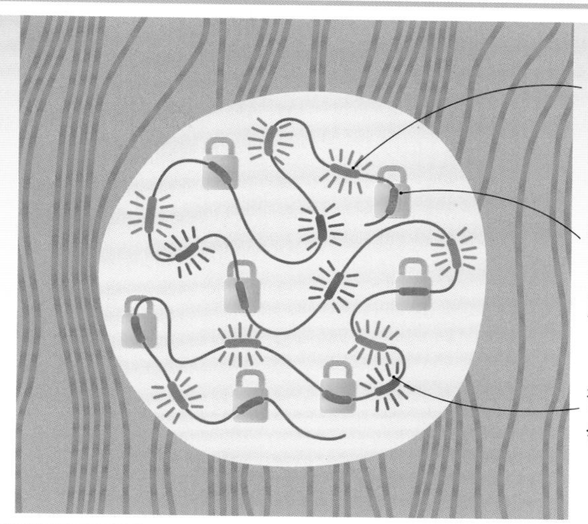

骨细胞

你的骨骼表面由一层坚硬的组织构成，其中充满了可以存活很久的、星星状的细胞，它们可以保护你的骨头。

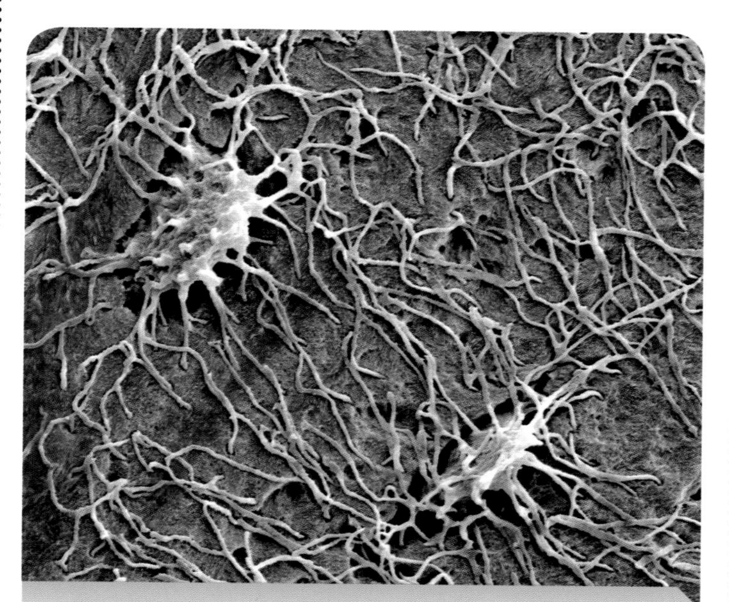

真相档案

- 骨骼会为你的身体储存矿物质。
- 你身体里最小的骨骼在你的耳朵里，它帮助你听见声音。
- 鸟类的骨骼是空心的，便于它们飞翔。

肺细胞

当你呼吸时，肺部内侧的细胞可以让空气中的氧气进入血液，让血液中的二氧化碳排出。

真相档案

- 肺细胞上覆盖着微小的毛刷状结构，可以扫出黏液。
- 你两个肺的内表面铺开后的总面积有一个网球场那么大！
- 人的肺拥有的空气通道总长可达 2 400 千米。

传递你的基因

可卡犬妈妈会脱毛。

生命都会将它们的基因**传递**给**下一代**。这意味着孩子们通常会看起来像他们生物学意义上的父母，因为他们有一半的基因与母亲相同，一半与父亲相同。这个过程叫作**基因遗传**。

每个基因的两个版本

这里的可卡颇犬（可卡犬和贵宾犬的杂交种）的每一条染色体都有两份拷贝——一份来自狗妈妈，一份来自狗爸爸。这意味着它们的每个基因都有两个版本，人类和其他动物也一样。我们把同一个基因的不同版本称为**等位基因**。

遗传

每只小狗都从它的父母那里继承了所有基因独特的混合模式。

显性等位基因

如果你的同一个基因有两种版本的等位基因，比如控制是否脱毛的基因，哪一种版本的等位基因将会表现出来？有些等位基因是显性的，也就是说它们的指令比另一个等位基因更优先，并且是永远优先。

科学家可以通过**比较**不同品种狗狗的 DNA 来发现什么样的**基因密码**控制什么样的性状。

每个人都是 突变体

基因组不像印出来的书那样全部一模一样，它们会发生改变。当 DNA 在复制过程中出现**差错**的时候，DNA 序列就会发生改变。我们把这种改变叫作**突变**。因为我们每个人的 DNA 序列都有一点点不一样，所以，**我们每个人都是突变体！**

我们不一样！

人类的 DNA 密码有很大一部分是一样的。但同时，还有大约 300 万处不一样。每一代都会出现突变——在你身上就有大约 60 处独特的新突变。

暹罗猫的毛

暹罗猫的某个基因上的一次突变，让它们皮毛中的黑色素变得很容易被分解。这意味着当温度变高时，暹罗猫的皮毛就会褪色。于是，黑色的毛只会出现在猫咪身体上温度比较低的地方，比如鼻子、耳朵和爪子上！

DNA 聚合酶
复制你的 DNA
非常精确——每 100 亿
对碱基中只会出现
一个错误。

你能复制得多精确？

首先，快速地画出一只猫。接着，你有 30 秒的时间来临摹这只猫。然后盖住你的第一幅画，再用 30 秒来复制你的第二幅画。

山寨猫咪版
你画的猫咪有多像？也许你可以看出一些不同。你已经创造出了突变！

有益突变

突变**改变了基因**，而基因几乎控制了你之所以是你的一切！突变是**随机发生**的，并且对你来说有好有坏——可能让你变强或变弱，变高或变矮，或者赋予你一项**新技能**，比如说夜视能力！

自然选择

有益的或有用的突变会提高生物体产下后代的概率。于是，有益突变就被一代一代地传递下来。这个过程叫作**自然选择**。

第50年

第20年

第1年

生活在这种植物上的毛毛虫因为突变获得了几种不同的颜色。哪种颜色可以让它们不被饥饿的鸟儿发现并幸存下来？

毛毛虫的绿色突变体可以让其隐身在绿色的植物中，所以通常它们不易被吃掉。它们更可能存活下去，拥有后代并把变绿的基因传递下去。

第100年

你想要什么样的**生物超能力**？

第1000年

现在这里只有绿色的毛毛虫了。一种动物的自然选择完成了，绿色的突变或者说是毛毛虫的绿色突变体获胜了。

持续进行中的自然选择

在我们周围，我们可以发现很多奇妙的自然选择的例子。有用突变的遗传让各个物种更好地在它们的栖息地繁衍生息。

长颈鹿

这些大型哺乳动物已经适应了吃高处树叶的生活方式。它们保留并继承着让它们脖子变长的基因。

北极熊

北极熊是伪装大师。与其他熊不同，它们选择了白色毛发基因来帮助它们隐匿于冰雪中。

刺河豚

这些鱼类习惯了将自己膨胀起来以恐吓“敌人”。它们有很硬的尖刺，还有毒！

企鹅

企鹅有很多适应性特征！它们的羽毛防水，它们用脂肪来保温，它们虽然放弃了飞行能力，但却成了游泳专家。

捕蝇草

这种植物在营养匮乏的土壤里生活。它们进化出了可以突然合上的叶片来捕捉昆虫。不幸被捕捉到的昆虫会被捕蝇草消化掉。

进化

自然选择将有益突变传递下去，改变着各种生物，最后可能发展出**全新的物种**！这个过程叫作**进化**，通常在百万年的时间尺度上缓慢而持续地发生着。

查尔斯·达尔文
1831年，科学家查尔斯·达尔文航行到南美洲。在旅途中他看见许多他从未见过的奇怪的动植物。他开始思考这些生物都是从哪儿来的。

达尔文雀

达尔文发现加拉帕戈斯群岛上不同种类的雀鸟彼此都是亲戚。然而，在岛上生活的位置不同，它们喙的形状也有很大差异。每种鸟的喙都专一地适应了它们所吃的特定食物。

变化的喙
自达尔文的时代以来，这种地雀的食性从柔软的种子变成了比较大的、坚硬的种子。为了应对这种变化，它的喙也进化得越来越大！

真相档案

- 学名：*Geospiza magnirostris*
- 喙：宽大而有力
- 食性：大坚果及种子

真相档案

- 学名：*Geospiza fortis*
- 喙：强壮而稍长
- 食性：种子

发现之旅

达尔文乘着一艘叫作“小猎犬号”的考察船，航行到南美洲西边的加拉帕戈斯群岛。根据他的见闻，他意识到地球上的所有生物都应该是有联系的。他把这一想法写成了一本著作——《物种起源》。

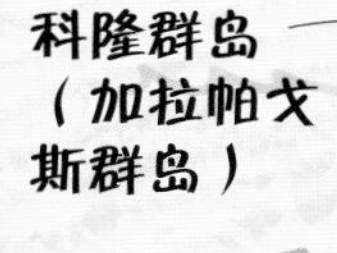

达尔文的船

“小猎犬号”考察船航行到南美洲是为了绘制地图。这艘船的船长是罗伯特·菲茨罗伊，是他载着达尔文考察各种野生生物的。

真相档案

- 学名：*Camarhynchus parvulus*
- 喙：小而尖
- 食性：昆虫

真相档案

- 学名：*Certhidea olivacea*
- 喙：十分尖锐，可以在树皮下搜寻食物
- 食性：小昆虫和蜘蛛

新物种是如何形成的

当 DNA 出现突变时，生物通过自然选择开始进化。当许多突变改变了生物的样子或生活方式时，新物种就诞生了。

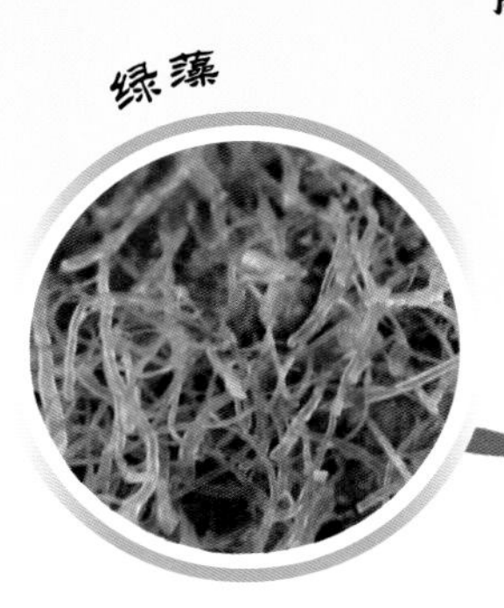

生命之树

查尔斯·达尔文构想出了生命之树的概念，展示了各种生物之间的亲缘关系。**自然选择**让各种生物走向了不同的进化之路，所以，生命之树上有许许多多不同的分支。

昆虫
千足虫
甲壳动物
人类
鲸
黑猩猩
软体动物
有袋动物
牛
外骨骼
这个进化分支上的动物拥有外骨骼。
鳄鱼
海星
两栖动物
鸟类
水母
鱼类
毛发
毛发在这个分支上出现，是保暖的好工具。
鬣蜥
蜥蜴
蛇类
脊柱
有脊柱或脊椎的动物叫作脊椎动物。没有脊柱或脊椎的动物叫作无脊椎动物。
神经系统
高级动物进化出了帮助它们触摸和感知外界环境的神经系统。
器官
当细胞聚集在一起共同完成特定的任务时，器官就出现了。
线粒体和细胞核
一些早期的细胞进化出了线粒体为自己提供能量，并制造了细胞核。
所有的生物都有一个活在40亿年前的共同祖先。

以老鼠为代表的啮齿类与灵长类是近亲。在大约 8 000 万年前，我们和老鼠有着共同的祖先，并且都有相同的哺乳动物特征，例如毛发。

老鼠
80%

奶牛
80%

奶牛和人类都是哺乳动物。我们都有骨骼、毛发，都呼吸同样的空气，但我们看上去完全不一样。

猫
90%

共享的基因

不同物种的有些基因十分相似，以至于科学家将其交换位置后它们依然能发挥作用。人类的某些基因甚至能在真菌酵母中发挥功能！

猫的细胞里有 19 对染色体，而人类有 23 对。然而，我们和猫的染色体上的许多基因都是相同的。

黑猩猩
96%
与人类基因的相似度

与我们关系最近的亲戚之一是黑猩猩。我们都是灵长类，且共同祖先生活在大约 500 万年前。

我们和昆虫的基因相似度不如和脊椎动物的高。然而，在有些基因上，我们和昆虫是相似的，如那些让头、身体和四肢长到正确位置的基因。

我是香蕉？

我们和香蕉基因的相似度高达 50%！所有的动物和植物都有同一个祖先——一种生活在 10 亿年前的单细胞生命。各种生命存活所需的生物化学过程有很多都是一样的，所以编码这些活动的基因也非常相似。

我们是一家人？

我们习惯性地认为**人类**是一个独特的物种，但其实我们与其他动物**共享了很多基因**。而我们与一些猿类物种的亲缘关系比它们彼此之间更接近！

人与人之间的基因相似度是

99.9%

人类和所有的生物都是亲戚，但我们还是和人类自己最接近。像眼睛颜色那样导致我们彼此各不相同的所有区别，仅仅只是基因上 0.1% 的差异。

模式生物

非常容易在实验室里进行研究的生物叫作**模式生物**。下面展示的就是一些模式生物。它们是一群十分有用的生物，能够帮助我们理解生物学原理。

拟南芥
拟南芥（*Arabidopsis thaliana*）是一种被广泛用来研究农作物和植物健康的模式生物。

黑腹果蝇
黑腹果蝇（*D. melanogaster*）已经在实验室中被研究了超过 100 年。一种叫作**触角足基因**的突变可以造成黑腹果蝇从本该长出触角的地方长出了脚！

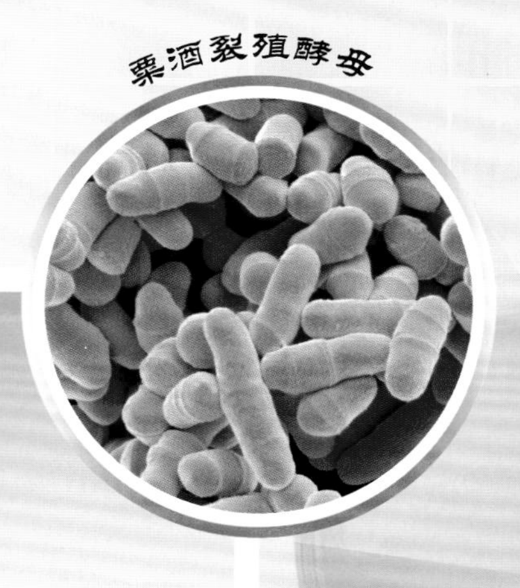

彼此学习

因为我们与其他生物**共享大量的 DNA**，所以，如果我们可以弄明白一个基因是如何在其他动植物，甚至是在真菌中发挥作用的，我们就可以了解那个基因是如何在我们的身体里工作的。

裂殖酵母
科学家通过研究这种酵母（*S. pombe*），了解到许多关于细胞如何分裂的细节。它的一种突变体可以保持生长但永不分裂！

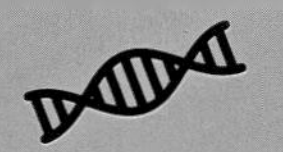

秀丽隐杆线虫的身体只有 959 个细胞。

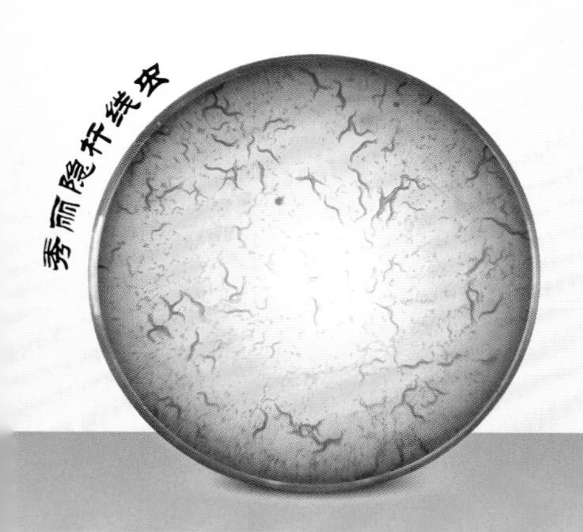

线虫
秀丽隐杆线虫（*C. elegans*）是一种微小的蠕虫，体长只有 1 毫米，生活在腐烂的水果中。它被用于研究许多生物学过程。

绿色荧光蛋白
水母的基因制造出了一种能在黑暗中发光的蛋白质，叫作绿色荧光蛋白（GFP）。当你用紫外线照射这种蛋白质时，它就会发光。

水晶水母
水晶水母（Aequorea victoria）可以在黑暗中发光，绿色荧光蛋白就是从这种水母体内分离出来的。

线虫神经元中连接着绿色荧光蛋白的基因被激活了。

一目了然
因为线虫是透明的，所以科学家很容易看到是哪个细胞受绿色荧光蛋白的影响而发光。

小鼠
小鼠（*Mus musculus*）对研究相当有帮助，因为它和我们同属于哺乳动物。通过对小鼠进行研究，我们知道了人类需要瘦素基因造出瘦素这种蛋白质，以帮助身体适当地储存脂肪。瘦素基因上有缺陷的小鼠会变得非常胖。

水母的基因

水母的一个基因能让它们在黑暗中发光。科学家可以借用这个基因并把它连接到线虫等其他动物的基因上。当想要研究的基因被激活时，对应的细胞会发光，科学家就可以通过观察发光的情况来了解是什么细胞受到了影响。

有害突变

改变 DNA 序列的突变可能会使基因的工作出现问题。这也许意味着**无法制造**某种蛋白质，或者制造出的某种蛋白质无法**正常工作**。

宠物中的突变

人类喜欢根据自己喜好的性状创造各种宠物品系。这样的**选择性育种**意味着：有些宠物会带上让它们变得比野生亲戚更不健康的突变。继续这样的育种是正确的吗？

呼吸困难

人们觉得巴哥犬的平脸很可爱，但扁平的鼻子常常让它们出现呼吸问题。

易被捕食

白化动物不会制造任何色素。它们很容易被捕食者发现，而且被阳光晒伤的风险很大。

容易受寒

在野生条件下，毛发对保暖、防御、伪装来说很重要。没有毛发的宠物需要温暖的环境，否则就要遭受寒冷之苦。

色盲

色盲症意味着你看不出右图中不同的颜色。人群里发生最多的色盲类型是红绿色盲，患者分辨不出图中那条绿色的曲线。这种疾病在男生中比在女生中更常见。

色盲测试

关节疾病
这些猫弯折的耳朵是因为它们带有一种软骨突变。这也会造成它们患有严重的关节炎——关节疼痛、僵硬和肿胀。

死亡率翻倍
侏儒兔的突变让它们的体形变得很小。但如果小兔子遗传到了两份突变基因的拷贝就会死亡。

丝毛不是羽毛
这种突变品系的鸡拥有蓬松的丝毛，但不防水，对飞行也没有帮助。并且，丝羽鸡的骨头有裂口，这让它们变得很脆弱。

我们身体里的
缺陷基因

如果一个突变**改变**了你基因的 **DNA 序列**，有时这种微小的改变就会给你身体里的细胞带来**很大的问题**。这就是**遗传病**。

点突变

单个 DNA 碱基发生的改变叫作**点突变**，这可能导致出现遗传病，比如**囊肿性纤维化**。出现这种疾病时，排列在肺部的细胞无法正常工作，肺会被又厚又黏的黏液堵住。

健康基因中的DNA序列

这段 DNA 碱基序列来自一个健康的基因，可以制造出能正常工作的蛋白质。

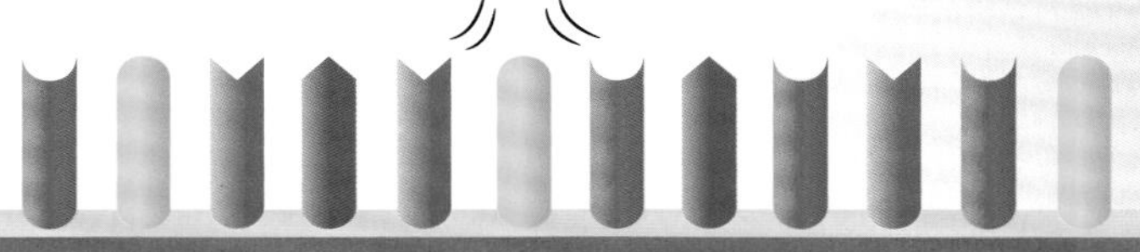

具有一个点突变的DNA序列

DNA 序列中就算只出现一个小改变也可能会有巨大的影响。它可能让基因停止制造蛋白质，或者让基因造出一个不能正常工作的蛋白质。突变会被复制到卵细胞或精子中，在家族里遗传。

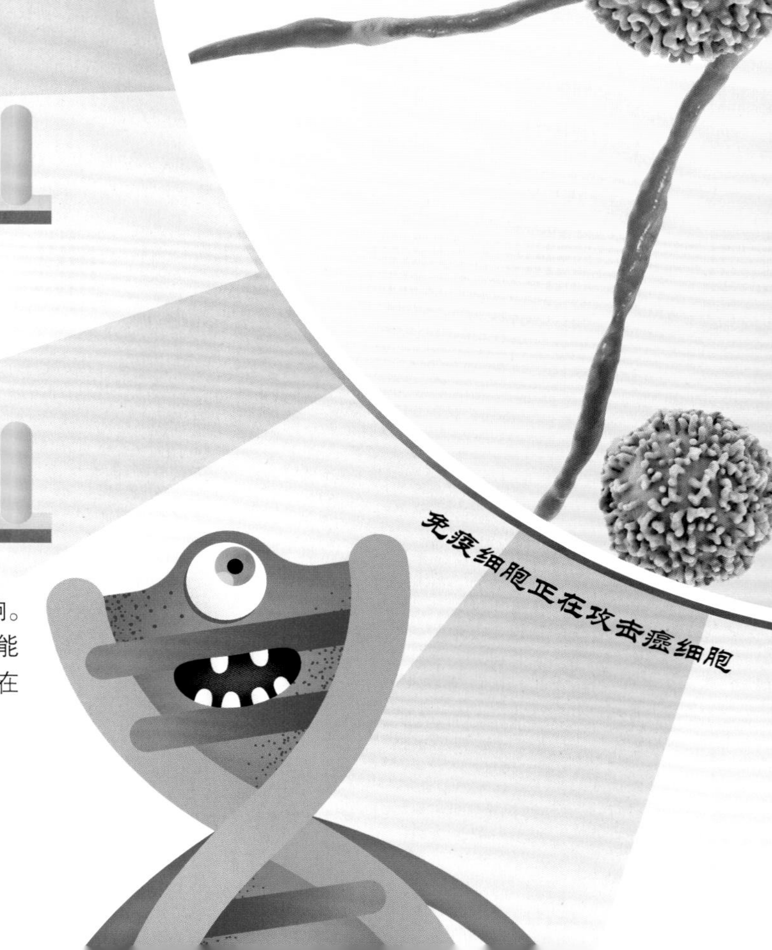

免疫细胞正在攻击癌细胞

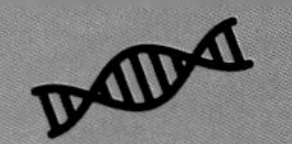

癌症

癌症是由 DNA 突变引起的一种与基因相关的疾病。但是，致癌突变只有在那些制造精子或卵子的细胞上存在时，才会导致家族性遗传——这很少见。

白细胞
作为我们免疫系统的一部分，白细胞就像我们身体里的卫兵，它们搜寻并攻击包括癌细胞在内的“敌人”。

癌细胞
一些癌细胞能够逃避白细胞的搜捕。不过，新型的抗癌药物能激活免疫系统，帮助免疫细胞发现和杀死癌细胞。

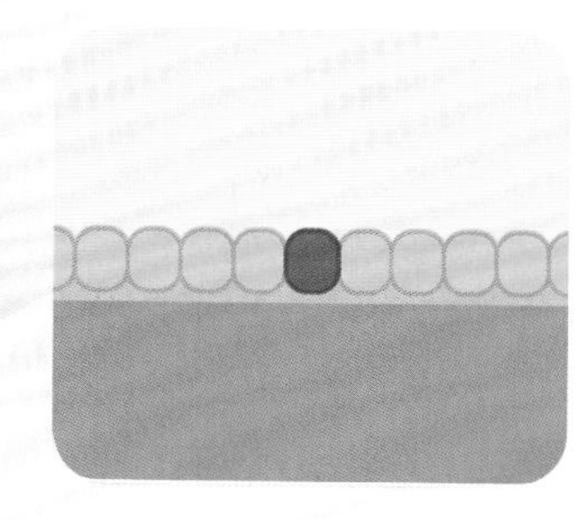

突变的诱因
外界能量射入细胞或 DNA 复制出错都可能导致突变。如强烈的阳光照射到皮肤细胞就可能引起突变。

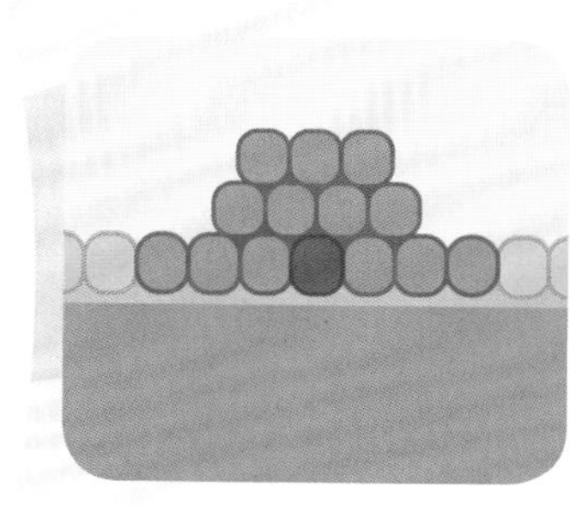

失控的生长
突变可能造成细胞分裂失控，在某个位置产生大量的细胞。这些多余的细胞逐渐积累起来，就形成了肿瘤。

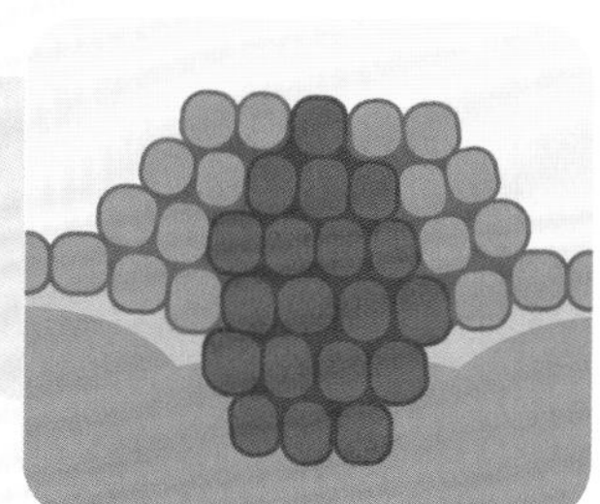

侵袭
恶性肿瘤可能会侵入其他组织并在身体内扩散。它会让身体机能不正常，导致重病。

镰刀型细胞贫血症

两份有害的镰刀型细胞突变的拷贝，会让红细胞改变性状并把血管（你身体里运输血液的管道）堵住。然而，一份突变基因拷贝再加一份健康基因拷贝却可以保护你不被疟疾感染！

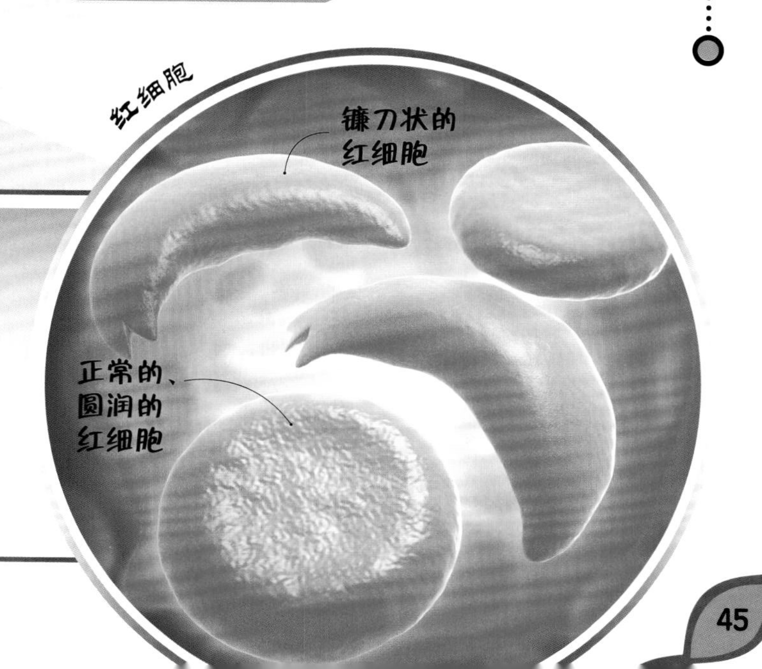

DNA测序

人类基因组中有大约 3 000 000 000 个碱基。2003 年，科学家已经得到了这些碱基的精确序列。随着技术的不断突破，今天我们已经能够获得地球上任何生物的 **DNA 序列**了！

桑格测序法

弗雷德·桑格发明了一种测序方法——每次读取单个 DNA 序列中的碱基。这种测序方法是利用 DNA 自我复制的过程来实现的。桑格也是历史上少数几位两次获得诺贝尔奖的科学家之一！

1. 首先，把要测序的 DNA 以及复制 DNA 需要的分子，包括富足的 G、C、A、T 碱基，加入 4 个不同的试管。再向每个试管中分别添加有缺陷的 G、C、A、T 碱基。

2. DNA 复制的过程启动。如果 DNA 复制的机器连接上一个有缺陷的碱基，DNA 链就会停止复制。这个现象叫作**链终止**。

3. 有缺陷的碱基在什么位置插入到 DNA 链中是完全随机的。所以，当你进行足够多的复制时，试管中所有的 DNA 链，无论长短，在结束的位置都会是这个有缺陷的碱基。

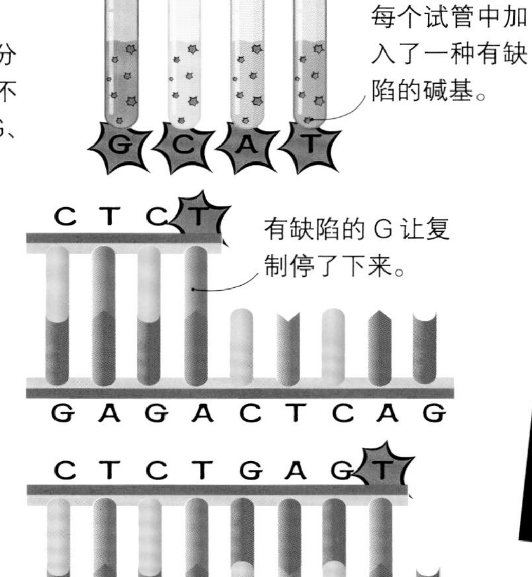

4. 实验最终会合成很多不同长度的 DNA 分子，每种长度的 DNA 分子都代表某一个特定的碱基（G、C、A、T）在序列中出现的特定位置。

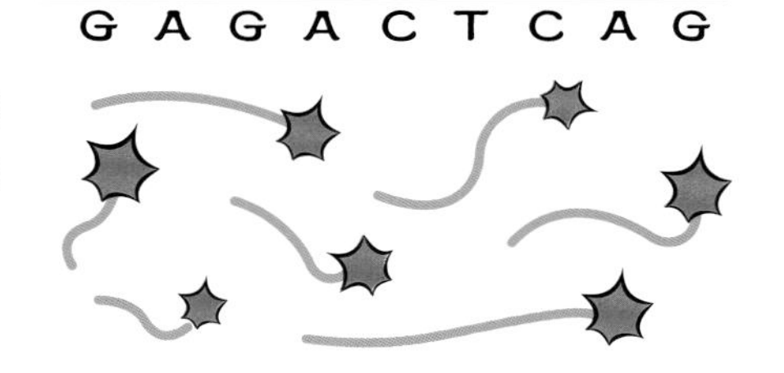

5. 现在把所有不同长度的 DNA 链按照大小顺序排列到一起，就可以读出 DNA 序列！这用 DNA 凝胶可以做到。

G

答案：从凝胶的底部开始阅读，序列是：A G C T A G C T A T A C T G G A C T C G A C T G

DNA 片段在电流的驱动下从凝胶的顶部往底部移动。短片段比长片段移动得更快、更远，所以它们会在凝胶的底部出现。

C A T

你能读出 DNA 序列吗？

你可以用一把尺子来帮助你从凝胶上读取 DNA 序列。从底部最短的 DNA 片段开始（提示：它是 A）向上滑动尺子，以找到下一个条带。下一个是 G、C，还是 T？慢慢向上查找，并把你读到的字母依次写下来。（答案见前一页底部）

现在已经开发出可以测序大量 DNA 的、便宜而快捷的技术，比如这个“minION”装置，它可以直接把 DNA 序列传输到你的电脑中！

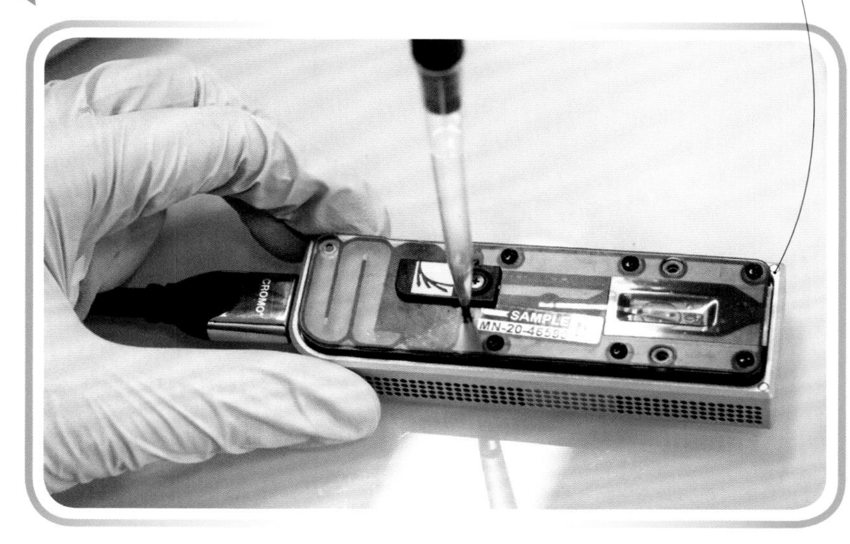

今天的基因组测序

近年来，基因组测序技术日新月异。我们已经能够在几小时内就获得像我们人类基因组那样复杂的基因序列。

人类基因组计划

2003 年，人们利用费雷德 · 桑格发明的方法第一次完成了人类全基因组的测序。这个宏大的国际项目由许多国家的数百名科学家共同参与，花费了 13 年时间才得以完成。这个项目一开始是由英国科学家约翰 · 萨尔斯顿（左图）构想并策划的。

DNA 侦探

从**犯罪现场**采集到的 DNA **证据**对推断当时发生了什么十分有用。把采集到的 DNA 样本与嫌疑人的 DNA 样本进行比对就可以**找到真凶**。

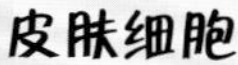

头发

你能看到的头发只由蛋白质组成，并没有细胞，所以它不含有 DNA。然而毛囊——头发位于皮肤以下的部分——是由细胞组成的，所以它可以用来创造 DNA 图谱。

皮肤细胞

只要 5 个皮肤细胞，技术人员就足以从中提取出 DNA 序列，但通常细胞越多越好。我们每天都要脱落 400 000 个皮肤细胞！

血液

技术人员可以从血液里的细胞中提取出 DNA 样本。

收集线索

犯罪现场可能只遗留了几滴血液、一点点皮肤细胞，或是一根头发。不过，这已经足够用来获取 DNA 样本了。

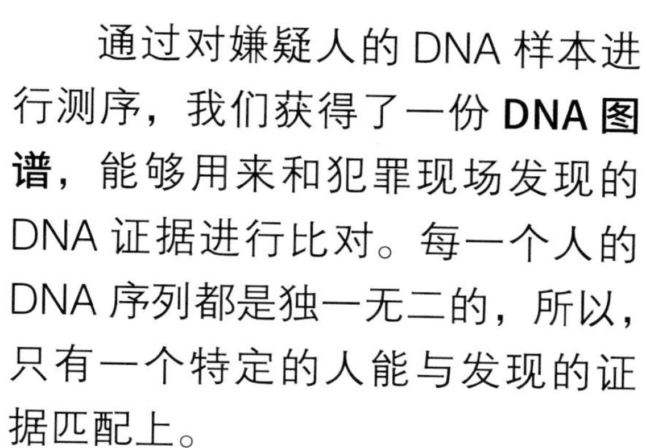

通过对嫌疑人的 DNA 样本进行测序，我们获得了一份 **DNA 图谱**，能够用来和犯罪现场发现的 DNA 证据进行比对。每一个人的 DNA 序列都是独一无二的，所以，只有一个特定的人能与发现的证据匹配上。

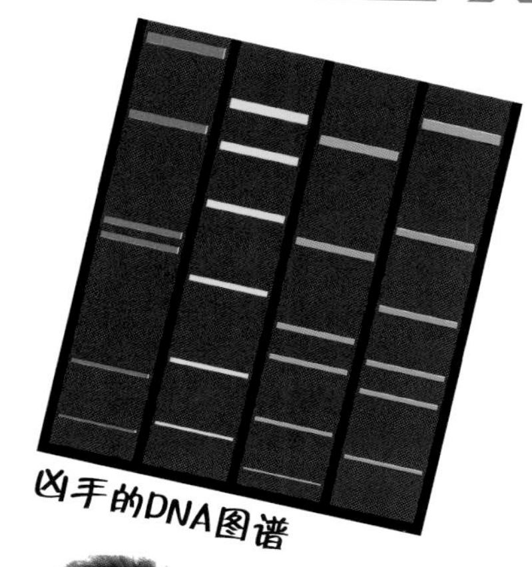

凶手的DNA图谱

犯罪现场工具箱

确保遗留在犯罪现场的证据不被弄混或被污染非常重要。收集样品的技术人员可不想无意间检测到自己的 DNA。

手套
手套可以防止技术人员的皮肤细胞脱落在现场。

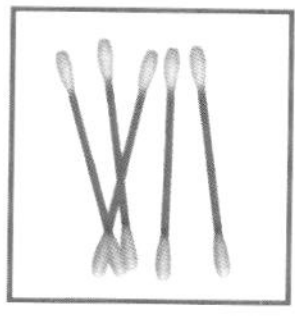

棉签
这些棉签可以用来收集血液或唾液样本。

镊子
镊子可以用来捡起毛发样本。

密封袋
所有的样本都会被装进密封袋，以防受到外界的污染。

谁是凶手？

你能通过比对上面的 DNA 图谱找到谁是真凶吗？

同卵双胞胎的 DNA 非常相似，所以只从 DNA 中**很难分辨**出双胞胎中谁才是真凶！

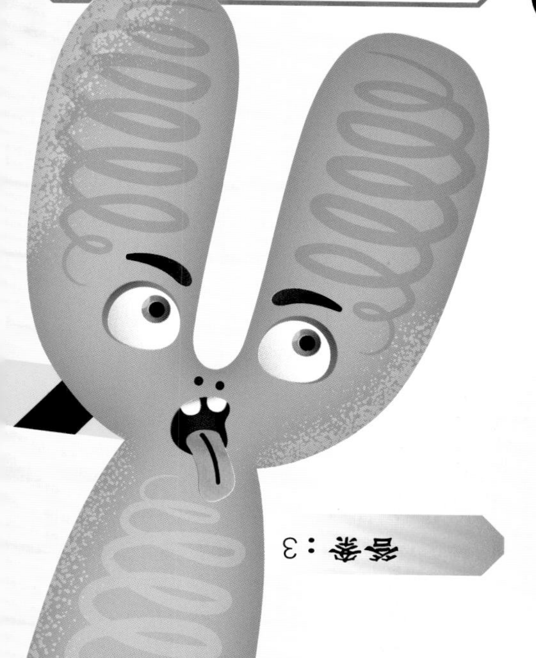

国王归来

1485 年 8 月，英格兰国王理查德三世在博斯沃思战役中兵败被杀，并在莱斯特城附近的灰衣修士教堂被火化。不久之后，教堂被夷为平地，那片土地最终变成了一个停车场。2012 年，考古学家在这里挖掘出了一具骨架，他们怀疑这正是那位失踪的国王。

检验证据

和调查失踪人口的案件一样，调查人员搜集到完整的证据链条，最终给出了结论。经过计算，这具骨架有 99.999% 的可能就是理查德三世。之后，他被重新安葬在莱斯特大教堂。

骨架有着弯曲的脊柱，与文献记载中对理查德的描述一致。

谋反！

很多人认为理查德三世在伦敦塔杀掉了他的两个侄子，才得以取代长兄的儿子成为国王。

伦敦塔

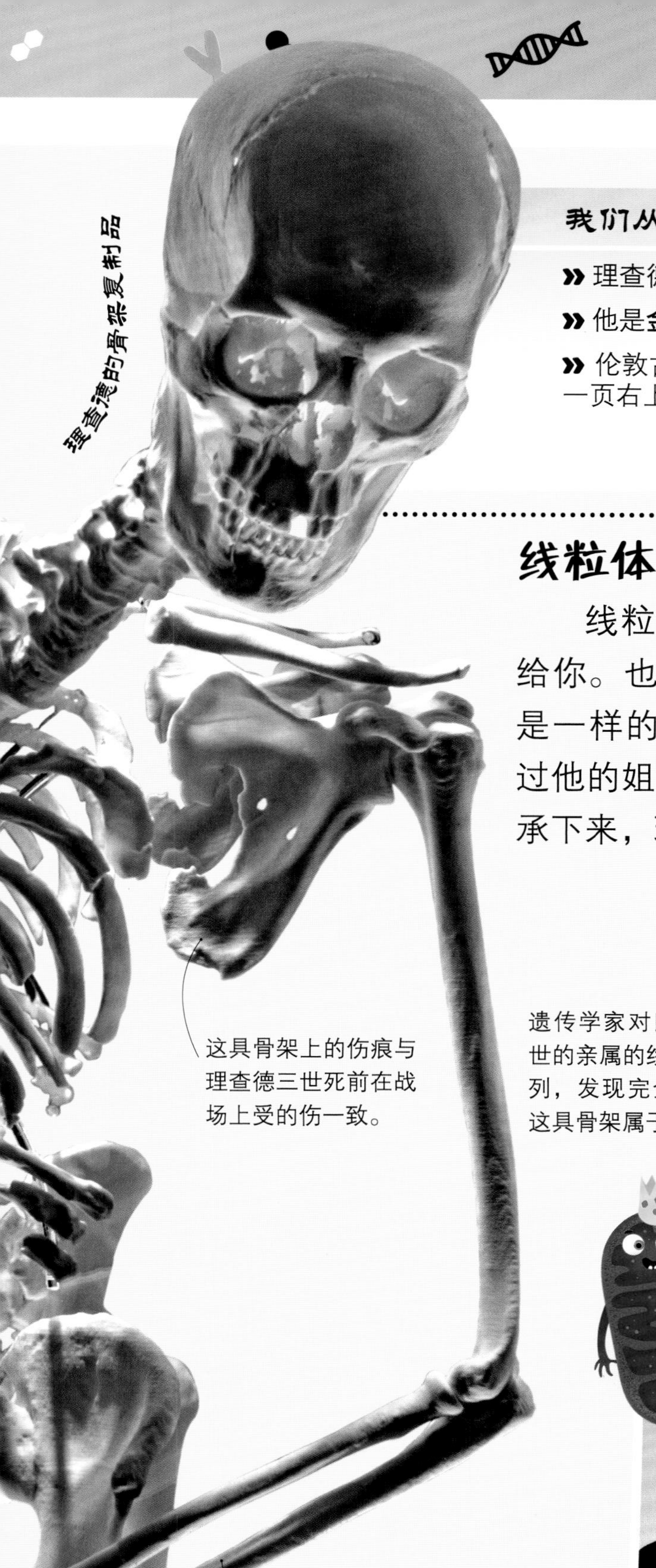

这具骨架上的伤痕与理查德三世死前在战场上受的伤一致。

500 多年后，科学家还能在骨骼上找到线粒体 DNA！

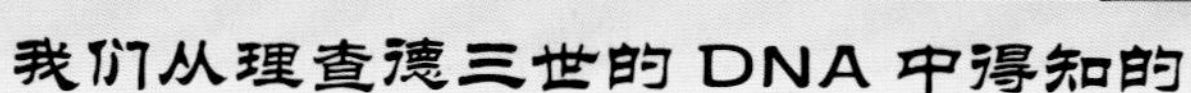
我们从理查德三世的 DNA 中得知的

- 理查德是**蓝眼睛**的可能性是 96%。
- 他是**金头发**（长大成人后会变黑）的可能性有 77%。
- 伦敦古文物学会刻画出了最精确的理查德肖像，就像在前一页右上图展示的那样。

线粒体 DNA

线粒体 DNA 很特别，它只由你的母亲传承给你。也就是说，同胞兄弟姐妹的线粒体 DNA 是一样的。因此，理查德的线粒体 DNA 可以通过他的姐姐传给女儿再传给外孙女的方式一直传承下来，现在已经传递了 19 代了！

每个峰都代表一个碱基

迈克·伊布森

温迪·杜迪希

这具骨架

遗传学家对比了理查德三世的亲属的线粒体 DNA 序列，发现完全一样，证明这具骨架属于理查德三世。

温迪与迈克

研究者通过调查家谱，找到了理查德三世两个活着的亲属。他们有着与理查德三世骨架一样的线粒体 DNA 序列。

我们能够修复基因吗？

一个基因上的单个突变就能造成遗传病。如果我们能够在那些使用这一基因的细胞里修复这个突变，我们就能治愈这种疾病。这叫作**基因疗法**。

1 从病人身上提取出需要修复 DNA 的有缺陷的细胞。

2 在实验室中对一种病毒进行遗传编辑，让它不再致病。

3 把缺陷基因的健康版本插入到修改过的病毒中。

4 让这些携带着健康 DNA 的病毒“感染”那些从病人身上提取出的细胞。

5 细胞开始使用来自病毒的 DNA 制造正常的蛋白质。

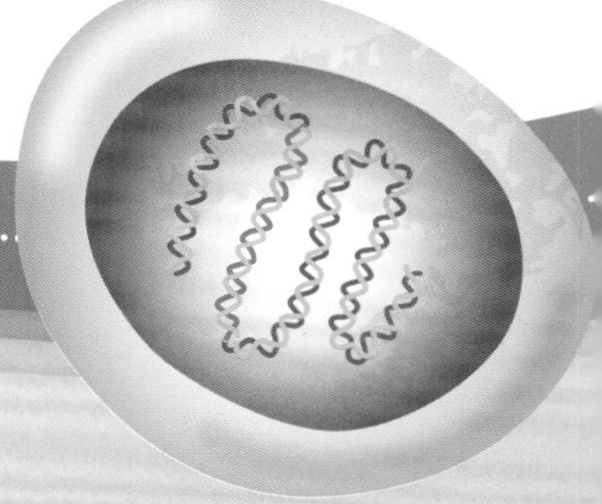

基因疗法

基因疗法有两种类型。**体细胞基因疗法**只治疗病人的患病细胞，但**种系基因疗法**会改变身体里所有的细胞，包括那些可以遗传给后代的细胞。

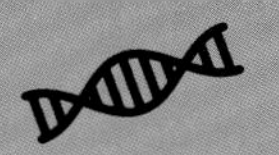

卵细胞或精子中 DNA 的改变意味着所有改变会永远遗传下去！

6

再将基因编辑过的细胞注回给病人，正常的蛋白质就能够治愈疾病了。

泡泡中的婴儿

基因疗法可能治愈出生后免疫系统有缺陷的婴儿。这些宝宝无法打败外界的病原体，所以必须住在一个无菌的“泡泡”里。现在，得益于基因疗法，我们可以通过修改他们的遗传信息，让他们的免疫系统正常工作，这样，他们就能正常地生活了。

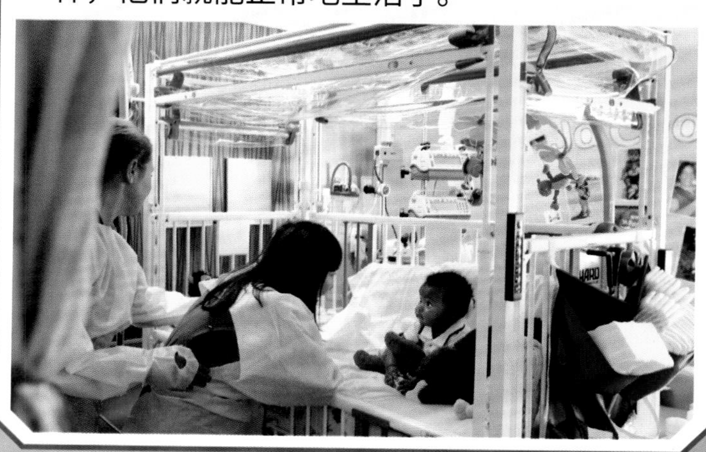

人类基因
我们应该修改基因吗？
提升智力？
谁可以使用这些技术——是只提供给很富有的人吗？
如果每个人都变得和阿尔伯特·爱因斯坦一样聪明，生活会是什么样？
治愈人类疾病？
你可能会把被修改过的基因遗传给你的孩子。
人们将会变得更“漂亮”？
你的观点是什么？
如果每个人都一样，可能会出现一种新的疾病把我们都消灭掉！
人们可以变得更健壮？

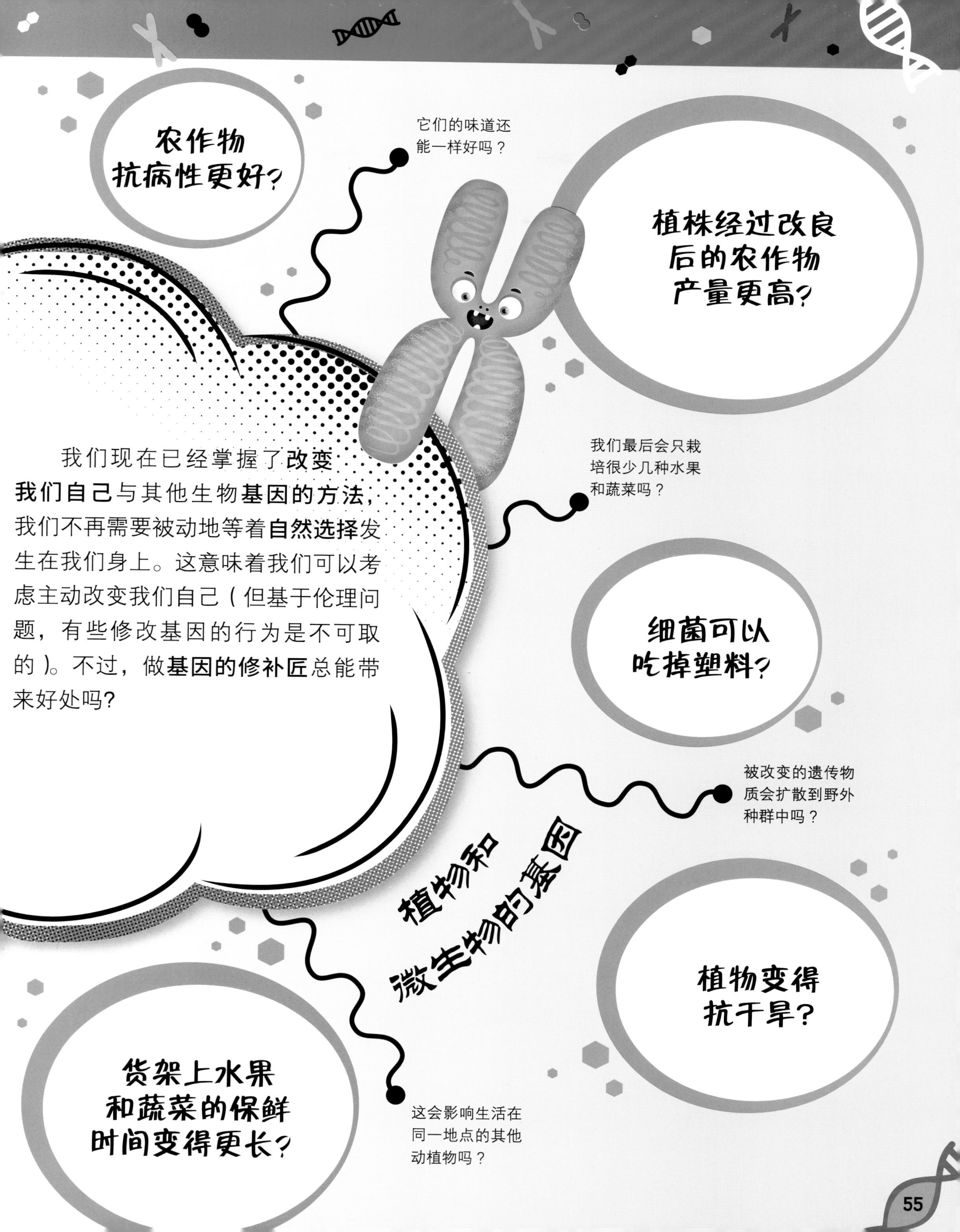

我们现在已经掌握了**改变我们自己**与其他生物**基因的方法**，我们不再需要被动地等着**自然选择**发生在我们身上。这意味着我们可以考虑主动改变我们自己（但基于伦理问题，有些修改基因的行为是不可取的）。不过，做**基因的修补匠**总能带来好处吗？

来克隆植物吧！

植物有个特点，它的每个细胞都可以长成一株新的植物，新的植物就是原来植株的克隆。你可以尝试自己克隆一下薰衣草！

1 剪下一段枝条
从一株健康的薰衣草上剪下一段新鲜、绿色的枝干，注意避开它的花。把枝干底部的叶片去掉，这样它们就不会在泥土里腐烂。

2 种下这段枝条
往一个小花盆中填满透水的肥料或土壤，然后把薰衣草枝条牢牢地插在中间。

3 保持湿润
给花浇足够多的水，然后用一个塑料袋罩住花盆，以保持土壤的湿润。把花盆放到温暖而明亮的地方。

克隆体崛起！

克隆是指制造遗传信息上相同的个体，克隆出来的这些个体就叫作克隆体，它们有着一模一样的 DNA。有时，这会在自然界中发生，比如同卵双胞胎。农夫们也会克隆果树来确保农场里产出的水果味道一致。

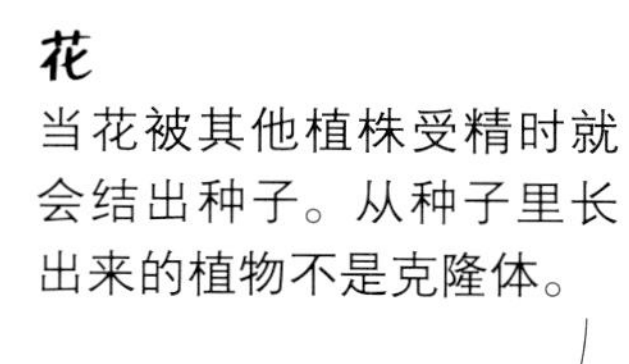

花
当花被其他植株受精时就会结出种子。从种子里长出来的植物不是克隆体。

蚜虫

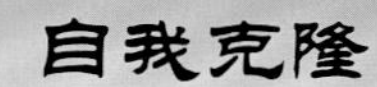

自我克隆

一些动物可以通过克隆自己来繁殖后代，这十分罕见。比如，这些雌性蚜虫不需要雄性就能生下宝宝。它们产下的都是和它们遗传信息一模一样的雌虫。

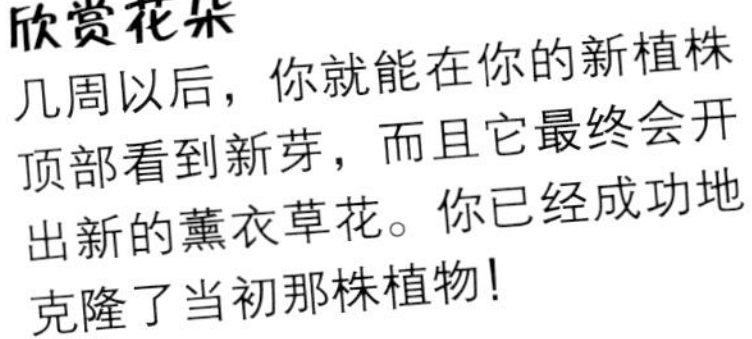

4 欣赏花朵
几周以后，你就能在你的新植株顶部看到新芽，而且它最终会开出新的薰衣草花。你已经成功地克隆了当初那株植物！

克隆动物

1996 年，**多莉羊**出生了。科学家把一个含有 DNA 的乳腺细胞核转移到没有细胞核的卵细胞里，创造出了多莉。它是提供了细胞核的那只羊的克隆体——一只从乳腺细胞中诞生的完整的羊！

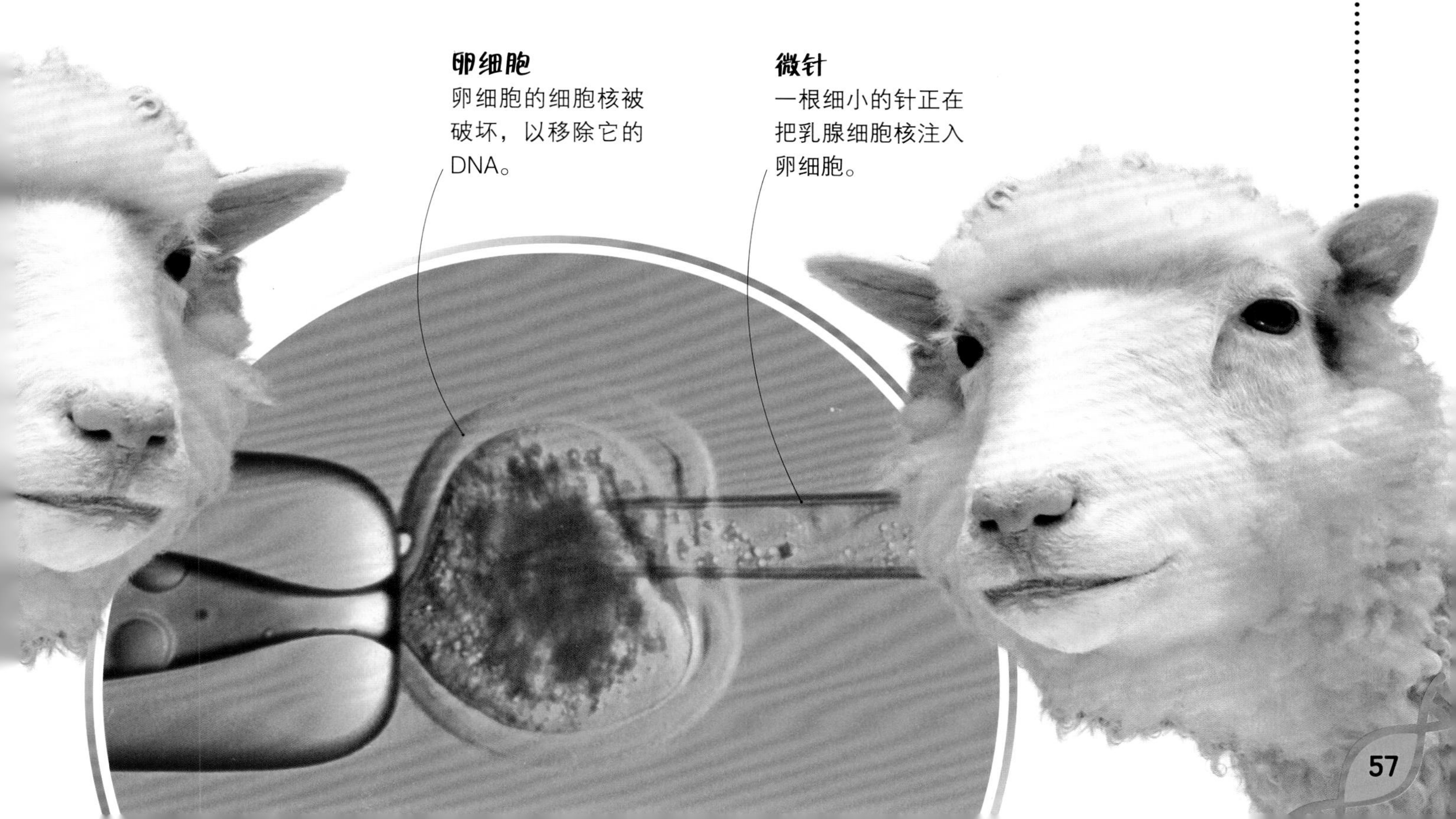

卵细胞
卵细胞的细胞核被破坏，以移除它的DNA。

微针
一根细小的针正在把乳腺细胞核注入卵细胞。

这要如何实现？

我们可以从保存下来的猛犸象遗体中提取猛犸象基因，把它们放进猛犸象现存亲缘关系最近的动物亚洲象的 DNA 中。猛犸象基因会给象宝宝带来一系列猛犸象的性状，比如蓬松的毛发。这样也许就能创造出一头**“象猛犸”**——大象和猛犸象的杂交体。

基因剪接
我们可以把猛犸象的基因插入或者**剪接**进亚洲象的染色体中。

大象 DNA

亚洲象
也许我们可以把猛犸象的 DNA 注入亚洲象的受精卵中，然后“象猛犸”宝宝可以在亚洲象代理妈妈的照料下成长起来。

猛犸象归来？

从 2015 年起，美国哈佛大学的科学家就开始考虑如何复活**灭绝的长毛猛犸象**。他们期望通过用长毛猛犸象的基因**替换**大象的基因来达到这一目的。

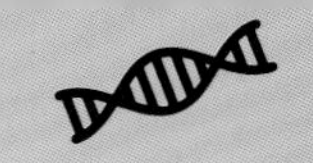

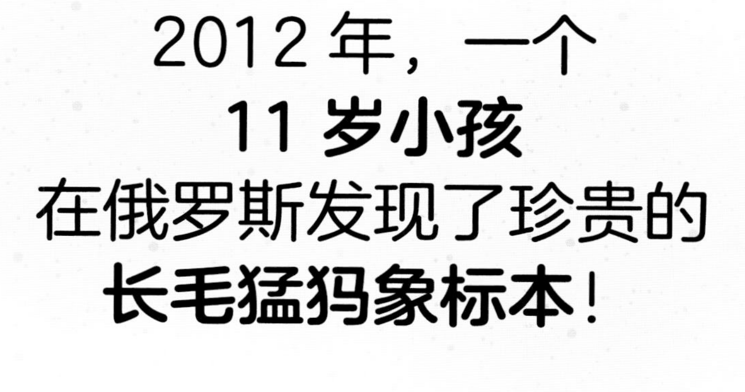

2012年，一个 **11岁小孩** 在俄罗斯发现了珍贵的 **长毛猛犸象标本！**

猛犸象遗体
目前，科学家正在从长毛猛犸象遗体里提取 DNA。之后他们可能需要把猛犸象基因和大象的基因进行比对，找出不一样的地方。

猛犸象 DNA

永远消失了吗？

这是另外一些已经灭绝了的动物的标本，不过也许科学家可以通过它们让这些动物复活。你觉得这是好主意吗？

恐龙
恐龙是鸟类的祖先，所以我们也许可以通过研究鸟类的 DNA 来找到复活恐龙的办法。

渡渡鸟
渡渡鸟在几百年前就灭绝了。从遗留下的标本中，人们已经提取出了它的部分 DNA。

人类的多样性

两个人（同卵双胞胎除外）拥有的DNA序列完全相同的概率，和连续抛600万次硬币每次落地都是正面朝上的概率相同。你可以试试这个概率有多小！

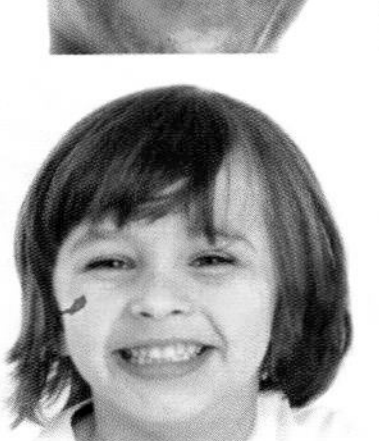

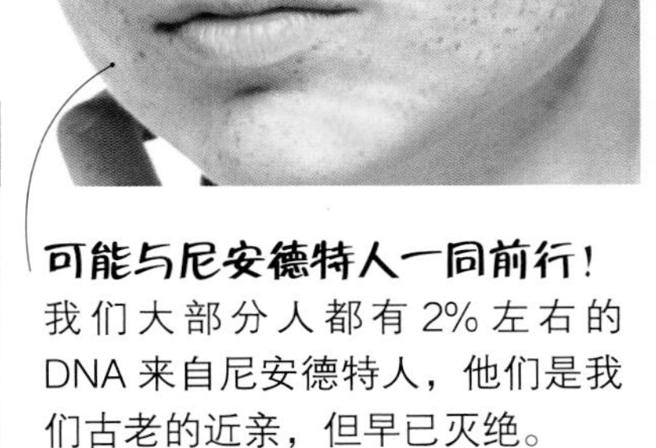

全人类大家族
虽然存在着多样性，但所有人的基因组还是有 **99.9%** 的部分是一样的！

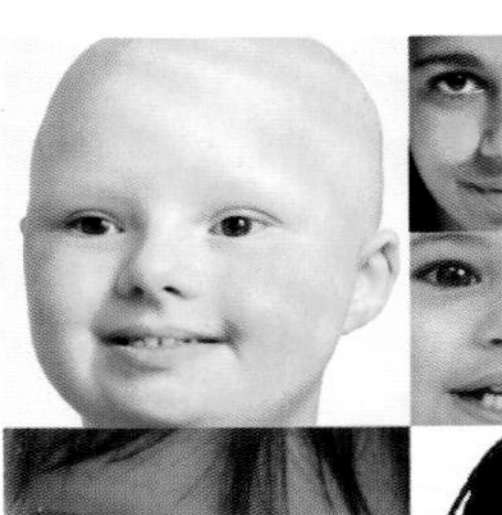

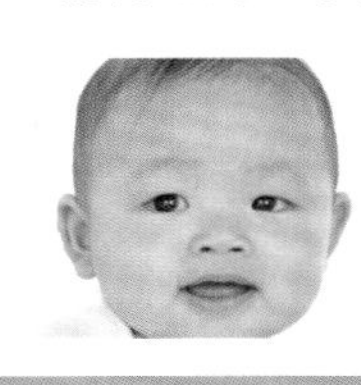

可能与尼安德特人一同前行！
我们大部分人都有 2% 左右的 DNA 来自尼安德特人，他们是我们古老的近亲，但早已灭绝。

多样性让生命精彩纷呈！

无论是动物、植物还是微生物，每种物种中的每个个体都在 **DNA 序列**上稍有不同。这些不同的基因合起来就叫作**基因库**。越大的基因库越能帮助一个物种在**环境变化**时**生存下来**。

任意两个人的 DNA 序列大约有 3 000 000 处不同。

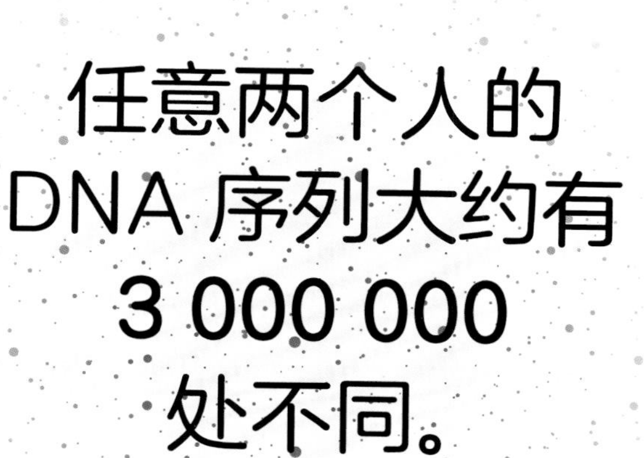

多样性很伟大！
如果所有人都是一样的，那么我们这个物种将会很不健康！

我们的遗传历史
DNA 分析帮助我们发现人类起源于非洲。

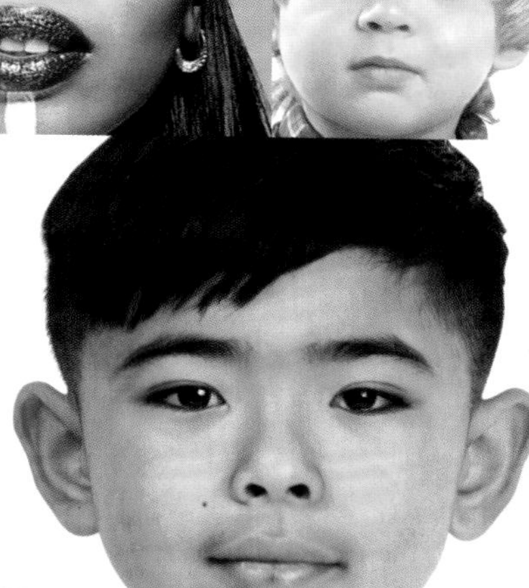

基因库

猎豹种群在疾病面前非常脆弱，因为它们的基因库很小。大约在 12 000 年以前，它们差点灭绝了。只有很少的个体幸存了下来，因此大量的遗传多样性也随之丢失。动物园或其他野生动物保护组织正在开展一些保护项目来保存并扩充这些受威胁物种的基因库。

基因与我们的未来

我一直在进化！

科技发展得如此之快，我们可能有一天能到**其他星球**上生活！可是，我们的基因也必须跟上我们的节奏。在未来，什么样的基因会变得有用？

格陵兰岛因纽特人
生活在格陵兰岛的因纽特人的食谱中有大量的脂肪。但他们相当健康，这是因为他们的基因有一些特殊的突变。

被基因赋予超能力的人们

就在今天，我们的周围，有一些人群的基因给予了他们特别的能力。这些能力在严苛的环境下会特别有用。

潜水
为了潜水捕鱼，东南亚的巴瑶人可以在水下屏住呼吸超过 10 分钟！这是因为基因突变让他们的脾脏变得更大，能够储存更多的氧气。

高海拔适应
生活在喜马拉雅地区的人进化出了应对高山地区低氧环境的能力。

感觉不到疼痛

有些人对疼痛很不敏感，这是因为他们继承到了某些非常罕见的基因突变。这意味着他们感觉不到刀伤、烫伤，甚至骨折的疼痛！

你会选哪个？

这些超能力中有你喜欢的吗？长时间潜水和擅长攀登听起来很酷，可无法感知疼痛是不是可能就有一点危险了？

我们可以从其他生物那儿获得什么基因？

我们可以在自然界的动植物身上找到许多令人羡慕的适应性状。也许未来有一天我们能够把负责这些性状的基因放进我们的身体里，获得新的超能力！

给自己制造食物

绿色植物不需要进食！它们用阳光、水、二氧化碳就可以制造食物了。

在严寒中生活

冰鱼可以在南极洲严寒的水域中生存，这是因为它们可以制造出抗冻物质，防止自己结冰。

DNA 时间线

我们如今所知道的一切关于 DNA 的知识都要归功于**科学家**的**努力**与**创造力**。不过，仍然有很多未知等待着我们去研究。也许有一天你也可以在这条时间线上留下名字！

1909 年：威廉·约翰森提出了“基因”一词。

《物种起源》

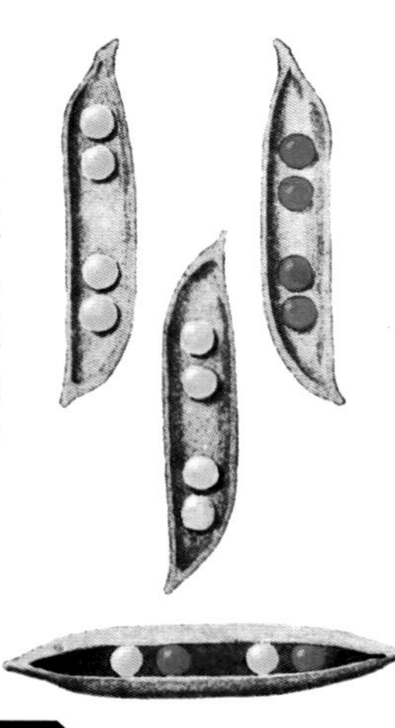

孟德尔的豌豆
孟德尔用豌豆做了大量的实验。他研究了许多遗传性状，比如豌豆的颜色和种子的形状。

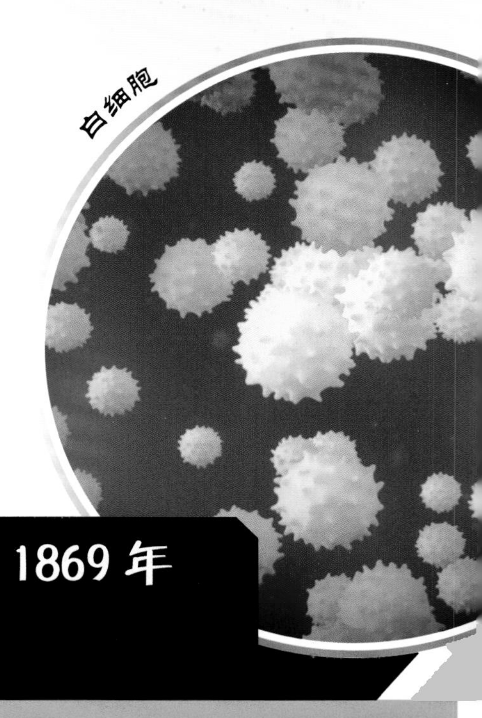
白细胞

1859 年

《物种起源》

查尔斯·达尔文在这本书中介绍了基于自然选择的进化理论——这是生物学中最重要的思想。然而，他对 DNA 在进化中的核心地位一无所知，因为那时 DNA 还没有被发现！

1866 年

遗传的作用机制

格雷戈尔·孟德尔发现**遗传**的单位是一种分离的颗粒——现在这种颗粒被叫作**基因**。他的研究证明了生物性状不是像混合颜料那样搅匀在一起的，而可能是在代际传递中被分离开的。

1869 年

新发现的“核素”

弗里德里希·米歇尔从人体的白细胞的细胞核中发现了被他称为“核素”的物质——现在我们知道那就是 DNA。白细胞来源于他在当地医院拿到的浸满脓水的绷带。

摩尔根的果蝇

摩尔根的实验对象是果蝇。他研究了遗传性状的不同组合，比如眼睛颜色和翅膀形状是如何一代一代遗传下去的。

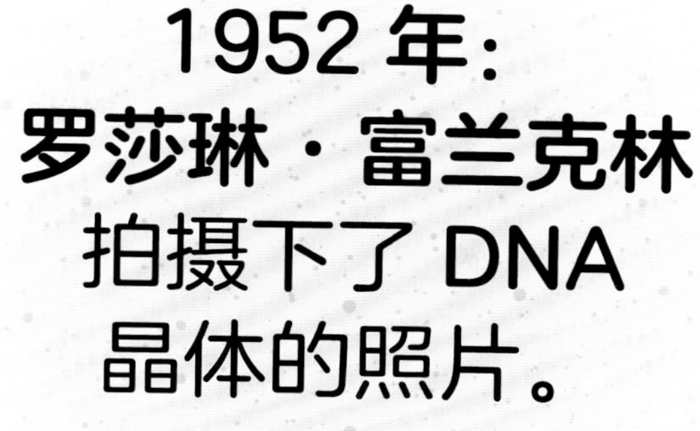

1952 年：罗莎琳·富兰克林拍摄下了 DNA 晶体的照片。

奥斯瓦德·艾弗里

沃森和克里克提出，DNA 通过为双螺旋的每条链分别匹配碱基的方式进行复制。

1911 年

染色体遗传理论

托马斯·亨特·摩尔根发现基因可能彼此相连形成“连锁群”。他证明了这些连锁群的行为与**染色体**一致，所以，基因位于染色体中。

1944 年

DNA 是遗传物质

在**奥斯瓦德·艾弗里**之前，没有人想到 DNA 就是遗传分子。他和他的同事依次从细菌里移除一种物质，最后确认**只有 DNA 是遗传过程所必需的**。

1953 年

双螺旋

詹姆斯·沃森和**弗朗西斯·克里克**在研究**罗莎琳·富兰克林**的 X 射线晶体衍射照片后推导出 DNA 有着**双螺旋**构造。克里克当时在剑桥的老鹰酒吧忽然兴奋地大叫：“我们发现了生命的奥秘！”

尼伦伯格的遗传密码子表
尼伦伯格测试了 4 个碱基 A、T、C、G 在三联体位置上所有的组合，即所有可能的密码子，找到了它们分别编码哪个氨基酸。

1961 年

3 是一个神奇的数字

弗朗西斯·克里克、悉尼·布伦纳和他们的同事证明了密码子（用来编码一个氨基酸的一串碱基）的长度是 3 个碱基。这意味着 DNA 使用**三联体密码**来制造氨基酸长链，而后者会折叠形成蛋白质。

1965 年

解读密码

马歇尔·尼伦伯格和他的同事们发现了**哪个密码子编码哪种氨基酸**。3 碱基有 64 种可能的组合，但氨基酸只有 20 种，所以有些氨基酸被几个不同的密码子共同编码。

1977 年

快速测序

弗雷德·桑格天才地想出了利用 DNA 复制的过程来精准**测序 DNA**（获取碱基的排列顺序）的方法。他的成果给遗传学带来了前所未有的变革，我们得以对各种生物的全基因组进行测序和比较。

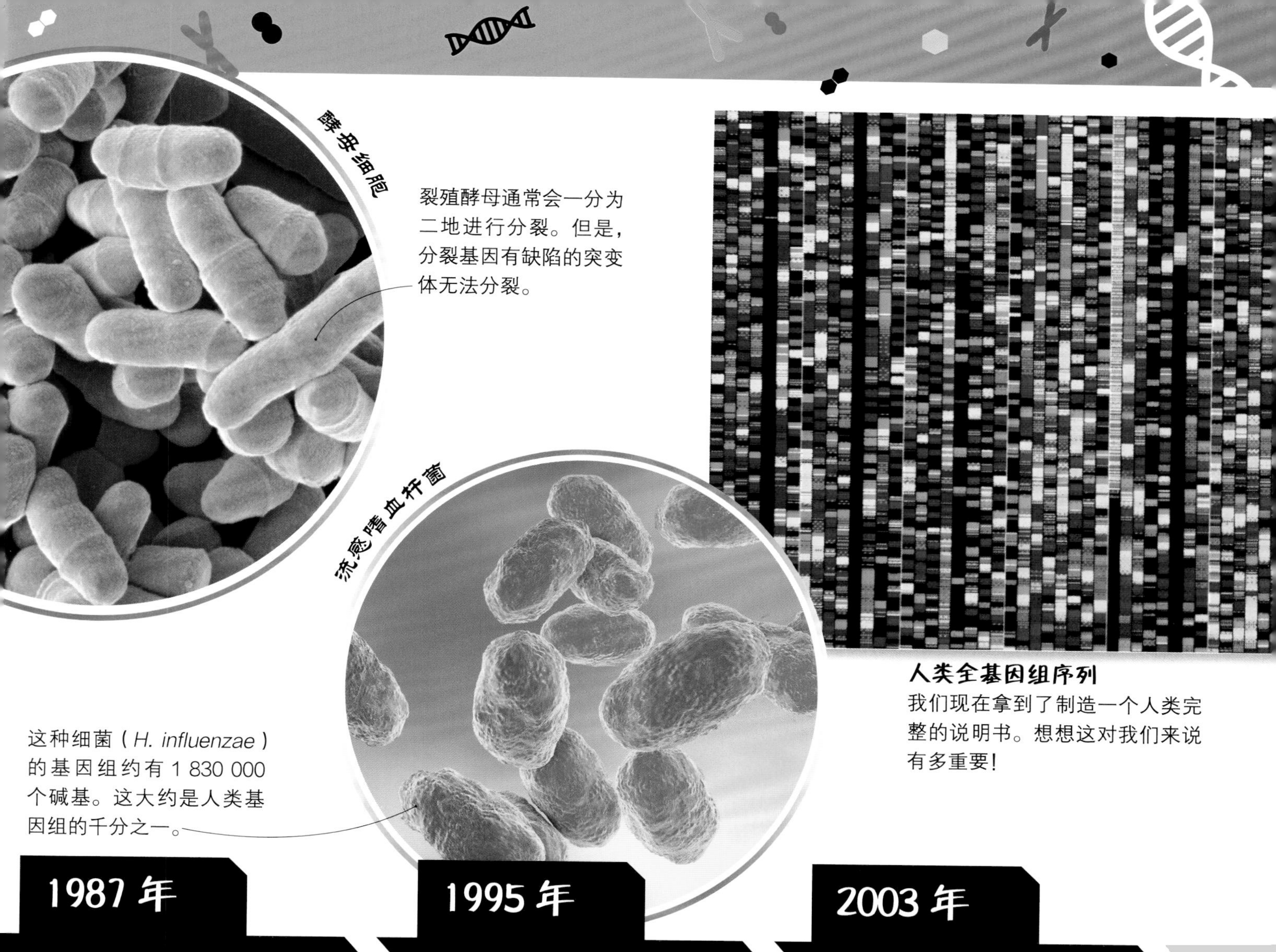

裂殖酵母通常会一分为二地进行分裂。但是，分裂基因有缺陷的突变体无法分裂。

这种细菌（*H. influenzae*）的基因组约有 1 830 000 个碱基。这大约是人类基因组的千分之一。

人类全基因组序列
我们现在拿到了制造一个人类完整的说明书。想想这对我们来说有多重要！

1987 年

你有些像酵母

保罗·纳斯发现，通过把正常的人类细胞分裂基因给予有分裂缺陷的酵母，可以帮助它们恢复正常。这说明**酵母和人类的基因十分相似**。

1995 年

全基因组

1995 年，**基因组测序**的时代由流感嗜血杆菌（*Haemophilus influenzae*）拉开了帷幕。紧接着，酵母的基因测序工作也在 1996 年完成。1998 年，第一种动物秀丽隐杆线虫被测序。2000 年，科学家对果蝇基因也完成了测序。

2003 年

人类全基因组

第一条人类全基因组序列凝聚了上百名科学家的努力、经历 13 年的时间、花费了约 154 亿元才完成！（但在今天，测序一个基因组只需要几个小时和几千元。）

词汇表

这些词汇对谈论与学习 DNA 相关的知识很有帮助。

DNA 聚合酶
帮助 DNA 复制的蛋白质。

DNA 图谱
一个人独特的 DNA 碱基序列特征，也被称作 DNA “指纹”。

氨基酸
蛋白质的组成部分。

病毒
最小的生命形式，由蛋白质外壳和 DNA 或 RNA 核心构成。病毒需要依靠生物体进行繁殖。

测序
获得 DNA 序列的工作。

触角足基因
在果蝇中控制脚从哪里长出来的基因。

蛋白质
由一个或多个氨基酸链组成的大分子物质。

等位基因
某个基因的特定版本。

翻译
核糖体通过读取信使 RNA 中的遗传密码，把一个个的氨基酸组合成肽链的过程。

分子
一群连接在一起的各种元素，比如碳元素和氢元素组合在一起可以形成有机物分子。

核糖核酸（RNA）
和 DNA 很相像的分子，骨架的核糖与 DNA 稍有不同，并且 DNA 中的胸腺嘧啶在 RNA 中换成了尿嘧啶。信使 RNA（mRNA）是基因密码的拷贝，而转运 RNA（tRNA）携带氨基酸前往核糖体。

核糖体
由 RNA 和蛋白质组成的细胞器，在 RNA 的帮助下组装蛋白质。

基因
一个带着如何制造蛋白质的信息的 DNA 片段。

基因编辑
在生物体中插入、移除或直接改变 DNA 的技术。

基因库
一个群体或物种所有遗传变异组成的“大池子”。

基因疗法
在我们的细胞中插入正常的基因以替换有缺陷的或丢失的基因达到治疗疾病的目的。

基因组
一个生物体所有的 DNA 集合。

剪接
将来自一个生物的基因插入到另一个生物的 DNA 中。

碱基
DNA 的组成部分之一。在 DNA 双螺旋中，特定的碱基可以互作形成碱基对。

进化
由于自然选择，生物随着时间进程一代代逐渐发生的变化。进化最终会导致新物种的产生。

精子
雄性生物的生殖细胞。

克隆
给一个东西制造克隆体的过程。

连锁群
在同一条染色体上的多个基因常常一起遗传，形成稳定的“群体”。

卵细胞
雌性生物的生殖细胞。

密码子
DNA 或 RNA 上三个碱基组成的序列，常常用于编码一个氨基酸。

免疫系统
生物体用来抵御入侵者的系统，细菌是常见的入侵者。

灭绝
一个群体或物种永久在地球上消失。

模式生物
被广泛用于进行生物学实验的物种。

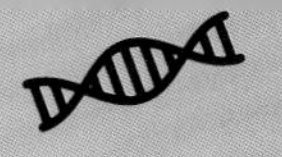

膜
生物体用以与环境区分开来的一层薄薄的边界。

囊肿性纤维化
一种影响肺部的遗传性疾病。

诺贝尔奖
为奖励部分领域开创性贡献者而设立的奖项，包括诺贝尔生理学或医学奖、诺贝尔化学奖、诺贝尔和平奖、诺贝尔物理学奖和诺贝尔文学奖。

脾脏
人或动物用来更新红细胞和储存血液的器官。脾脏在免疫系统中也起作用。

染色体
细胞核中串珠似的结构，包含着DNA。细菌没有细胞核，它们染色体是环状的 DNA。

软骨
身体中坚韧且灵活的组织。

三联体密码
因为 DNA 或 RNA 中 3 个碱基以特定的顺序出现才能编码一个特定的氨基酸，这样的三碱基序列就称作三联体密码，也叫密码子，就是所谓的遗传密码。

适应性特征
生物体的一些特征能够帮助它们更好地生存或繁殖，它们进化出这些特征的过程叫适应。

受精
雄性和雌性生殖细胞的融合，可以产生一个新的生物体。

双螺旋
DNA 分子的形状，像一个向右旋转的阶梯。

突变
基因上发生的改变，如果它被保留下来就将成为遗传变异。带有突变的生物体叫作突变体。

脱氧核糖核酸（DNA）
细胞中蕴藏着生命建筑图的分子。它由一系列的腺嘌呤（A）、胸腺嘧啶（T）、胞嘧啶（C）、鸟嘌呤（G）碱基序列以及骨架构成。

污染
通过接触或混合的方式让一个物体变脏或被微生物感染。

物种
亲缘关系很近且能够互相交配繁殖的生物体的集合。

细胞
生物体的组成单位。需要用显微镜才能看见。

细胞分裂
“亲代”细胞分成两个新的“子代”细胞的过程。

细胞核
细胞中包含着染色体的核心部分。

细菌
用显微镜才能看见的单细胞生命，部分细菌会致病。

显微镜
用来观察很小很小的、微观尺度下的物体的器械。

显性基因
一对等位基因中，一种等位基因的效果比另一种等位基因更优先表现出来。

线虫
一个生物门类，包括了模式生物秀丽隐杆线虫之类的蠕虫。

线粒体
细胞内的一个成分，产生能量供细胞完成各种生物活动。

性状
生物体的特征，可能被一个或一组基因控制着。

序列
一串 DNA 分子的碱基排列顺序。

选择性育种
人类通过控制动物或植物的繁殖选育出他们想要的生物性状。

胰岛素
一种保持生物体血液中糖分水平稳定的蛋白质。

遗传性状
双亲通过传递他们的基因让子女获得的性状。子女获得这类性状的过程就叫作遗传。

有机体
有生命的物体，包括动物、植物、真菌、原生生物和细菌。病毒通常不被看作“生物体”。

杂交体
两个不同物种繁殖生育出的后代。

转录
DNA 中储藏的遗传密码被拷贝到一段信使 RNA 中的过程。

紫外线
一种由太阳发出的辐射形式，人类无法用眼睛直接看到。

自然选择
拥有被自然条件“喜好”的性状的生物体，有更大的机会存活与繁殖。

索引

Mm

Nn

Pp

Qq

Rr

Ss

Tt

Ww

Xx

Yy

Zz

致谢

DK 公司感谢波莉・古德曼的校对以及海伦・彼得斯对索引的排版。

本书作者感谢遗传学会和英国皇家学会的克里斯蒂娜・丰塞卡对本书第 62~63 页《基因与我们的未来》一章提供的灵感与意见。

艾莉森・伍拉德教授谨以此书献给她的两个女儿，艾莉丝和艾米莉，期望自己遗传给了她们健康的基因！

感谢以下人员允许出版方使用图片：

（符号：a–上方；b–底部；c–中部；f–远端；l–左边；r–右边；t–顶端）

4-5 Alamy Stock Photo: Nobeastsofierce Science. **7 Alamy Stock Photo:** INTERFOTO (ca). **9 Dreamstime.com:** Alexstar (tr). **10 Alamy Stock Photo:** Science Photo Library (clb); Ian West (cra). **Dreamstime.com:** Frenta (c). **11 Alamy Stock Photo:** Dennis Frates (cla); H Lansdown (tc). **Warren Photographic Limited:** (b). **12 Alamy Stock Photo:** Stephen R. Johnson (cla, cra). **13 Alamy Stock Photo:** Stephen R. Johnson (cla). **Science Photo Library:** Torunn Berge (crb); Biophoto Associates (cr); Dennis Kunkel Microscopy (cb). **14 Alamy Stock Photo:** Archive PL (cl); Science History Images (cr, bl). **15 Alamy Stock Photo:** PvE (tr). **Science Photo Library:** A. Barrington Brown, © Gonville & Caius College (cla). **16 Science Photo Library:** Christoph Burgstedt (clb); Spencer Sutton / Science Source (cr); Juan Gaertner (bl). **17 Science Photo Library:** Prof. K.seddon & Dr. T.evans, Queen's University Belfast (tl); Biophoto Associates (cr); Prof. Stanley Cohen (clb); Ramon Andrade 3dciencia (br). **18-19 Science Photo Library:** Philippe Plailly. **19 Alamy Stock Photo:** Blickwinkel (cr); Saurav Karki (cra). **Jean Delacre:** (crb). **20 Science Photo Library:** Laguna Design (c). **25 Science Photo Library:** Dr Torsten Wittmann (t). **26 Alamy Stock Photo:** Razvan Ionut Dragomirescu (crb). **Science Photo Library:** Jose Calvo (clb). **27 Alamy Stock Photo:** Cultura Creative Ltd (crb). **Science Photo Library:** Kevin Mackenzie / University Of Aberdeen (clb). **28-29 Ardea:** John Daniels. **30 Dreamstime.com:** Francis Gonzalez Sanchez (tr). **30-31 Depositphotos Inc:** Rawpixel. **33 Alamy Stock Photo:** Beth Swanson (cb). **Dreamstime.com:** Amy Harris / Anharris (ca); Tom Linster / Flinster007 (c); Steve Gould / Stevegould (cb/Penguins); Karin De Mamiel (bc). **34 Alamy Stock Photo:** The Print Collector (tr). **36 123RF.com:** Joyce Bennett (ca/Cabbage palm); cla78 (ca); ccat82 (cra/Mushroom). **Alamy Stock Photo:** Dmitri Maruta (cl); David Tomlinson (cra); Science Photo Library (cb). **Dreamstime.com:** John Anderson (fcr); Ang Wee Heng John (fcl); Iulianna Est (c). **Science Photo Library:** Steve Gschmeissner (cra/Yeast). **37 123RF.com:** Marcel Kudláček / marcelkudla (fcrb); Teresa Gueck / teekaygee (cla). **Alamy Stock Photo:** Cultura Creative Ltd (ca/Boy); Leena Robinson (fcla/Butterfly); Raimund Linke (ca); Aditya "Dicky" Singh (cr); Renato Granieri (crb); Juniors Bildarchiv GmbH (crb/Snake). **Dreamstime.com:** Sam D'cruz / Imagex (ca/Chimpanzee); Yiu Tung Lee (fcl); Reinhold Leitner (fcla); Natursports (cl/Butterfly fish); Dirk Ercken / Kikkerdirk (c); Paul Wolf / Paulwolf (cra); Alvaro German Vilela (cra/Cow). **iStockphoto.com:** Andrew_Howe (fcr); Searsie (cl). **38 Alamy Stock Photo:** Rudmer Zwerver (tc/Mouse). **Getty Images:** Jon Boyes (tc). **39 Alamy Stock Photo:** Andrea Obzerova (b). **Dreamstime.com:** Roblan (tl). **40 Alamy Stock Photo:** Blickwinkel (cra); Nigel Cattlin (ca/Thale cress); Science Photo Library (cb). **Dreamstime.com:** Borzywoj (crb); Andrei Gabriel Stanescu (ca). **Science Photo Library:** Science Vu/Dr. F. Rudolph Turner, Visuals Unlimited (cla). **41 Alamy Stock Photo:** Lisa Werner (cra). **Dreamstime.com:** Martinlisner (fclb). **Science Photo Library:** Oak Ridge National Laboratory / Us Department Of Energy (clb); Prettymolecules (ca). **42 Alamy Stock Photo:** Csanad Kiss (cb); Serge Vero (crb). **42-43 Dorling Kindersley:** Tracy Morgan Animal Photography / Jan Bradley (c). **43 Alamy Stock Photo:** Biosphoto (cb); Bonzami Emmanuelle (crb); Phanie (tr). **44-45 Science Photo Library:** Kateryna Kon (c). **45 Alamy Stock Photo:** Science Photo Library (br). **47 Getty Images:** Scott Barbour (bl). **Science Photo Library:** Patrice Latron / Eurelios / Look At Sciences (cr). **48 Alamy Stock Photo:** rsdphotography (crb). **iStockphoto.com:** AntonioFrancois (c). **Science Photo Library:** Steve Gschmeissner (cla); Ted Kinsman / Science Source (cra). **49 123RF.com:** Koosen (clb). **Alamy Stock Photo:** Vadym Drobot (crb). **Getty Images:** Izusek (ca); Kupicoo (cra); Morsa Images (cb). **50 Alamy Stock Photo:** Historic Images (tr). **50-51 Rex by Shutterstock:** Andy Weekes. **51 Getty Images:** Ben Stansall / AFP (crb). **52 iStockphoto.com:** Akinshin (tl, bl). **53 eyevine:** Santiago Mejia / San Francisco Chronicle / Polaris (br). **iStockphoto.com:** Akinshin (tl, t, cr). **56-57 Alamy Stock Photo:** Iain Masterton (bc). **57 Alamy Stock Photo:** Iain Masterton (br); Krailurk Warasup (ca). **Science Photo Library:** W.A. Ritchie / Roslin Institute / Eurelios (bc). **59 123RF.com:** Linda Bucklin (cb). **Science Photo Library:** Sputnik (ca). **60-61 123RF.com:** belchonock (7:4); rawpixel (1:2, 1:5, 1:7, 1:10, 3:2, 3:4, 3:8, 3:9, 3:12, 3:13, 4:7, 5:1, 5:4, 6:3, 6:5, 6:8, 7:9, 8:1); Andriy Popov (1:11, 2:1, 2:3, 2:5, 3:5, 3:6, 3:7, 3:11, 4:2, 4:5, 5:6, 6:1, 6:4, 6:7, 7:11, 8:2, 9:2, 10:1, 10:4, 10:5, 10:6, 10:7); Irina Ryabushkina (4:4). **Alamy Stock Photo:** Cultura RM (6:2); EmmePi Travel (1:6); Robertharding (3:3). **Dreamstime.com:** Andrii Afanasiev (6:10); Len4foto (2:4); Innovatedcaptures (4:6). **61 Alamy Stock Photo:** All Canada Photos (clb). **62 Alamy Stock Photo:** Images & Stories (cb); Peter Schickert (clb). **62-63 Alamy Stock Photo:** imageBROKER (c). **63 Dreamstime.com:** Dmitri Maruta / Dmitrimaruta (ca). **naturepl.com:** Jordi Chias (crb). **64 Science Photo Library:** Natural History Museum, London (cl); Sheila Terry (c). **64-65 Alamy Stock Photo:** Galacticart (c). **65 Alamy Stock Photo:** World History Archive (c). **Science Photo Library:** Dan Berstein (r); Martin Shields (cla). **66 Science Photo Library:** Emilio Segre Visual Archives / American Institute Of Physics (cr); National Library Of Medicine (ca). **67 Alamy Stock Photo:** Science Photo Library (tl). **Science Photo Library:** Kateryna Kon (c); David Parker (tr)

Cover images: *Front:* **123RF.com:** Lifdiz c; **Alamy Stock Photo:** Sjs.std tr; **naturepl.com:** Thomas Marent bl; **Science Photo Library:** Juan Gaertner cr; *Back:* **Science Photo Library:** Prof. Stanley Cohen bl, Professors P. Motta & T. Naguro tc

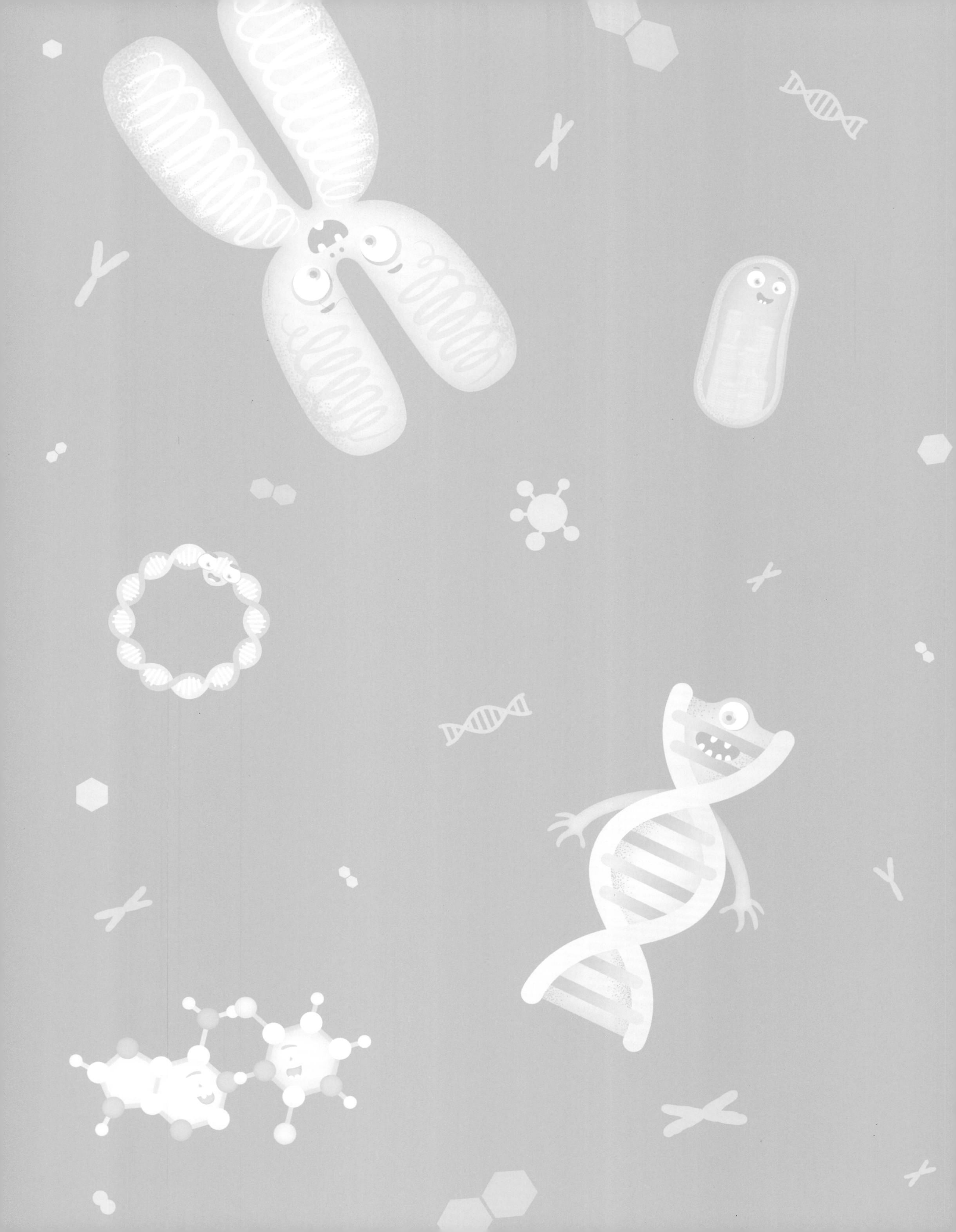